浙江省普通本科高校"十四五"重点立项建设教材

化学工业出版社"十四五"普通高等教育规划教材

教材出版由温州大学学科建设经费全额资助

能源化学综合实验

赵世强　陈锡安　王舜　主编

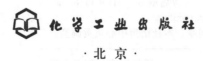

·北京·

内容简介

《能源化学综合实验》是一本针对新型能源器件组装测试及其关键材料制备表征的基本实验技能培养的教材,涵盖锂/钠离子电池、锂金属电池、超级电容器、燃料电池、太阳能电池、电催化、光催化、光电催化等新型能源存储与转换器件的结构组成、作用原理和组装方法实验,以及关键能源材料的设计合成、结构表征和性能测试实验。将前沿性科研用大型现代仪器纳入能源材料测试分析实验中,培养学生的创新实验能力。

本书可作为高等院校能源化学专业本科生的实验教材,也可作为化学、能源、材料等专业能源化学基础实验、能源材料合成与分析、能源器件组装与测试等实验课程的教材,还可供相关专业从业者作为参考之用。

图书在版编目(CIP)数据

能源化学综合实验/赵世强,陈锡安,王舜主编. 北京:化学工业出版社,2024.6. —(浙江省普通本科高校"十四五"重点立项建设教材)(化学工业出版社"十四五"普通高等教育规划教材). — ISBN 978-7-122-45996-1

Ⅰ.TK01-33

中国国家版本馆 CIP 数据核字第 2024676J74 号

责任编辑:李 琰 宋林青 装帧设计:韩 飞
责任校对:刘 一

出版发行:化学工业出版社
　　　　　(北京市东城区青年湖南街 13 号 邮政编码 100011)
印　装:北京科印技术咨询服务有限公司数码印刷分部
787mm×1092mm 1/16 印张 8½ 字数 189 千字
2024 年 6 月北京第 1 版第 1 次印刷

购书咨询:010-64518888　　售后服务:010-64518899
网　　址:http://www.cip.com.cn
凡购买本书,如有缺损质量问题,本社销售中心负责调换。

定　价:35.00 元　　　　　　　　版权所有　违者必究

前言

能源化学专业是基于能源产业发展及科学研究开设的新兴本科专业，目前相关实验课程教材较少。随着国家新能源产业的蓬勃兴起及科研实力的快速提升，原有本科阶段的化学、能源、材料等相关专业实验教学缺乏对新能源材料合成技术、新能源材料结构组成表征方法、新能源器件组装及性能测试等实验基本技能的传授。鉴于此，编者团队以物理化学、分析化学、无机化学和有机化学等经典基础实验课程中与能源化学专业相关的实验课程为参考，基于能源化学专业理论及实验教学实践经验总结，结合最新科研成果，致力于编写一本既可作为适合于能源化学专业学生实验技能培养的配套实验教材，也可作为适合于高等院校化学、能源、材料等相关专业科研创新型人才培养的能源化学实验教材，以支撑理论基础宽、实践能力强、综合素质高的能源化学专业人才培养。

本教材将科研用大型仪器纳入能源材料测试分析实验中，包括X射线粉末衍射仪、X射线光电子能谱仪、扫描电子显微镜、透射电子显微镜、原子力显微镜、氮气吸脱附仪、热重分析仪、核磁共振谱仪等设备，培养学生的综合实验创新能力。

本书编写特点：

（1）立足能源化学实验教学实践，可行性高：本教材以能源化学专业理论及实验课程的教学实践为依托，总结具有高教育价值、高可操作性、高创新性的能源材料及器件相关实验，能够提高能源、化学、材料交叉学科本科生的能源材料合成分析及表征和能源器件组装及性能测试等相关实验技能。

（2）结合能源领域科学研究前沿，创新性高：本教材分为四章，包括能源存储器件组装及性能测试实验、能源转换器件组装及性能测试实验、能源材料合成实验、能源材料分析实验，涵盖了锂/钠离子电池、锂金属电池、超级电容器、燃料电池、太阳能电池、电催化、光催化、光电催化等新型能源存储与转换器件的结构组成、工作原理和组装方法实验，以及关键能源材料的设计合成、结构表征和性能测试实验，能够培养学生的科研创新能力。

（3）衍生自编者团队研究课题，原创性高：本教材的编著依托温州大学化学与材料工程学院能源相关研究领域教师团队的实际研究课题，结合国内外最新研究进展，设计最具典型意义的能源转换与存储材料及器件的材料合成、器件组装、结构表征、性能测试等，传授学生新型能源材料及器件研究的综合实验技能。

（4）紧密结合专业理论课教学，理论性高：本教材以能源化学专业理论课教学为出发点，将基础理论知识融入到实验操作中。实验设计教师为相关研究领域的任课教师和科研人员，在设计实验过程中将深刻理解的理论知识与最新研究成果联系，把复杂的能源存储及转换仪器的关键组成部件和主要工作机理等简洁易懂地展示给学生，将最先进的研究进展理论知识和综合实验技能传授给学生，培养学生的理论分析思维和探索创新意识。

（5）聚焦新型能源化学材料及器件研发，培养学生科研能力：本教材中涉及的新能源化学器件是传统本科教学中几乎不涉及的新型实验课题，然而这些实验技能对能源、化学、材料相关专业本科生的升学深造和参加工作都具有重要的理论和现实意义。在本科阶段给能源化学专业学生传授新能源材料及器件基本原理及实验技能，可以有效夯实理论基础知识、锻炼实践动手能力、提高科研创新综合素质。

本实验教材由温州大学能源化学专业教学团队教师基于实验教学实践和自身研究课题编写，由赵世强、陈锡安、王舜担任主编，负责编写团队组织、实验项目选定、体例规则制定、审核统稿定稿。本实验教材入选浙江省普通本科高校"十四五"第一批重点立项建设教材，教材出版由温州大学学科建设经费全额资助。本书实验课程设计及编写人员如下：赵世强（实验一～实验三、实验十四～实验十六）、蔡冬（实验四、实验二十、实验二十一、实验二十五）、郭大营（实验五）、张青程（实验六）、黄合（实验七）、陈凯（实验八）、钱金杰（实验九）、葛勇杰（实验十）、吕晶晶（实验十一）、徐全龙（实验十二）、周学梅（实验十三）、赵梅（实验十七、实验二十二、实验二十四）、王舜（实验十八）、陈锡安（实验十九）、何坤（实验二十三）、罗燕书（实验二十六）。

本书中实验课程经由全体编者多次讨论修改，并由实验教学验证，但限于编者水平，书中难免有不当和疏漏之处，敬请读者不吝赐教指正。

2024 年 6 月于温州

目 录

绪论 ··· 1
   第一节　能源化学综合实验的学习目的与要求 ·· 1
   第二节　能源化学综合实验的安全防护注意事项 ······································· 2

第一章　能源存储器件组装及性能测试实验 ·· 5
   实验一　　锂离子电池石墨负极的循环稳定性测试 ·································· 5
   实验二　　锂离子电池磷酸铁锂正极的倍率性能测试 ····························· 11
   实验三　　钠离子电池磷酸钒钠正极的循环伏安特性曲线测试 ················· 17
   实验四　　碳纳米管嵌硫作为正极的锂硫电池的组装及性能测试 ·············· 22
   实验五　　固态锂硫电池的组装及性能测试 ·· 26
   实验六　　双电层电容器的组装及性能测试 ·· 31

第二章　能源转换器件组装及性能测试实验 ······································ 35
   实验七　　太阳能电池特性测试与性能评价 ·· 35
   实验八　　燃料电池的组装及性能测试 ·· 41
   实验九　　电催化全解水三电极体系构建及电化学测试曲线分析 ·············· 46
   实验十　　电催化硝酸盐合成氨电解池组装、性能测试及评价指标 ··········· 51
   实验十一　电化学还原二氧化碳为甲酸的电解池组装及法拉第效率分析 ···· 56
   实验十二　光催化降解罗丹明 B 的反应速率常数和降解率测定 ················ 59
   实验十三　二氧化钛光电催化分解水产氢的装置搭建及性能测试 ············· 62

第三章　能源材料合成实验 ·· 65
   实验十四　水热法合成钴酸锂正极前驱物碳酸钴 ··································· 65
   实验十五　高温固相反应制备钴酸锂正极 ·· 70
   实验十六　溶胶-凝胶法制备纳米尺度钴酸锂正极材料 ···························· 75
   实验十七　物理气相沉积法制备二维铜基卤化物光敏材料 ······················ 78

第四章 能源材料分析实验 ·· 82

实验十八　X射线粉末衍射表征钴酸锂正极的晶体结构 ················ 82
实验十九　碳酸钴与碳酸锂前驱混合物的热重曲线测试 ················ 87
实验二十　X射线光电子能谱表征钴酸锂正极与碳酸钴前驱物 ·········· 92
实验二十一　氮气吸脱附法对比分析钴酸锂微米及纳米尺度颗粒 ········ 96
实验二十二　扫描电子显微镜表征钴酸锂微米尺度颗粒 ················ 102
实验二十三　透射电子显微镜表征钴酸锂纳米尺度颗粒 ················ 108
实验二十四　光学显微镜表征二维铜基卤化物光敏材料 ················ 113
实验二十五　原子力显微镜表征二维铜基卤化物光敏材料 ·············· 117
实验二十六　锂电池电解液成分碳酸丙烯酯的核磁共振氢谱测试 ········ 121

参考文献 ·· 126

绪 论

第一节 能源化学综合实验的学习目的与要求

一、学习目的

能源化学综合实验是能源、化学与材料等相关专业的一门交叉实验课程，主要利用化学的理论和方法来讲解传授相关器件在能源储存及转换等过程中的实现途径、工作原理和关键技术，为新能源的高效开发利用提供理论和实验基础。该课程的主要目的是培养学生的能源化学实验综合创新能力，包含能源材料设计合成、能源材料结构组成分析、能源器件组装、能源器件性能测试评价。经过本课程的学习，本科生可以初步开展本书涉及的新能源材料及器件相关课题的基础研究工作。

二、学习要求

能源化学综合实验是针对能源化学专业学生学完无机化学、有机化学、分析化学和物理化学理论课程及实验课程后开设的综合性实验课程，将化学基础课程理论知识及实验技能与能源领域最新研究课题紧密结合，致力于提高学生的创造能力和探索精神，是培养学生由基础知识技能学习向初步科研创新升级的重要环节。因而，为培养学生的科研严谨性，必须对学生提出实验操作规范的严格要求。

（1）实验课前，仔细阅读实验课程教材内容，结合相关理论课教材、文献资料和网络资源自主学习，明确实验目的要求、基本原理、操作步骤，并对思考题进行初步思考。认真撰写实验预习报告，包括实验目的要求、关键原理公式、简明实验步骤（建议绘制实验流程图）、原始数据记录表格。

（2）实验课上，将实验预习报告上交任课教师，快速核对并熟悉实验试剂及仪器，认真听任课教师讲解实验课程及注意事项，严格按照实验规范开展实验，实验中遇到问题及时跟任课教师汇报讨论，完整、准确、清晰记录实验现象及数据，实验后须经任课教师确认实验成功完成，整理实验试剂及仪器，清洁实验台面，经任课教师同意后方可离开实验室。

（3）实验课后，及时完成实验报告撰写。实验报告内容包括实验目的、简明原理、实验数据记录及处理、实验结果及讨论、思考题，鼓励学生在实验报告中提出实验过程中的疑惑及对实验的改进建议。

第二节　能源化学综合实验的安全防护注意事项

能源化学综合实验中涉及使用高温、高压、高电压、活泼金属、X射线等实验条件，潜藏触电、灼伤、着火、辐射等实验事故危险。因此，在实验过程中，学生务必严格按照教师强调的实验步骤和注意事项进行规范实验操作。此外，任课教师课上应传授学生针对实验课程进行中潜在事故的正确应急处理措施。

学生进入实验室开展实验前，务必认真阅读并严格遵守实验室的安全规范、仪器操作规范，认真学习实验步骤和实验仪器操作细节。开展实验前，先在书籍或网络上查询使用的每种药品的特性，尤其是安全性。实验室禁止使用明火，加热设备使用完毕要及时关闭电源。安全用电，使用合格插排，不乱搭电线，电源附近不放易燃物品。对于有毒、易燃易爆、强酸强碱、强腐蚀性等危险药品，要按类保管。废气、废物、废液等不随意排放，按照规定妥善处理。时刻保持警惕，如果遇到意外事故，及时正确处理，及时寻求帮助，将自己及他人生命安全放在第一位。

一、用电安全

了解实验用电环境，若实验过程中使用或生成易燃易爆气体，应避免电路系统产生电火花。实验室内，用电仪器设备电源线路必须接在指定插头上，禁止使用插排乱搭线路，防止发生电线起火安全隐患。仪器设备连接电源前，应确定使用交流电或直流电、三相电或单相电、电压电流功率范围等。开启用电设备前，仔细检查线路接点是否正确以及连接是否牢固。实验过程中，一旦发生漏电、触电或电线起火事故，立即切断电源，然后进行后续处理。实验结束后，先关闭用电仪器的电源开关，然后断开线路连接。

二、高温防护

在使用恒温箱和管式炉的合成实验过程中存在高温条件。高温实验过程中，应在仪器设备附近标注"高温危险"。高温反应结束后，务必留充足的时间使设备降至室温后才开启设备取出样品。在水热反应前，应确保水热反应釜完好并充分密封，避免在反应过程中因内部高温高压环境引发反应溶液泄露产生安全隐患。水热反应中，应选择高沸点溶剂，尽量不要选择低沸点溶剂，反应溶液体积小于反应釜内衬容积的四分之三，严禁做生成大量气体或高放热的反应。

三、X 射线防护

在 X 射线粉末衍射实验和 X 射线光电子能谱测试实验中使用到 X 射线。其中，X 射线粉末衍射仪的窗口使用的是含铅玻璃，可以有效隔离 X 射线。在实验过程中，测试开始前务必确认仪器窗门关闭严密。X 射线粉末衍射仪和 X 射线光电子能谱仪所放置的实验室应保持通风良好，以减少由高电压和 X 射线电离作用产生的有害气体对人体的影响。

四、气体钢瓶的安全存放及使用

在有些实验中需要使用到气体钢瓶，由于钢瓶内为高压气体，所以应格外关注钢瓶的安全存放及使用。气体钢瓶的注意事项如下：

(1) 搬运过程中要轻装轻卸，严禁碰撞、抛掷、滚动；
(2) 钢瓶通过电梯运输时，要求人和钢瓶不同梯，防止气体泄漏导致窒息危险；
(3) 气体钢瓶运输到位后，必须及时固定在墙壁或稳定的基座上，贴好标签；
(4) 存放场所应阴凉通风，远离热源、火源、易燃品，防止日光暴晒，存放大量气体钢瓶时应有专门的气体库房并配有通风装置；
(5) 有毒、易燃、易爆气体钢瓶存放在防爆柜内且保证通风良好，彼此间能发生剧烈反应的气体钢瓶不能存放在一起；
(6) 开启阀门要轻缓且操作者不正对出气口，关闭瓶阀应该轻缓而严密，不能用力过大导致太紧而磨损阀门；
(7) 不可将钢瓶内的气体全部用完，普通气体通常应保留 0.05 MPa 以上残留压力，可燃气体保留 0.2 MPa 以上；
(8) 使用气体进行高温煅烧时，煅烧设备需要放置在通风橱里进行实验；
(9) 普通气体排出口必须接到室外，严禁排入室内，以免引起窒息危害，有毒气体的废气更要妥善处理。

五、活泼金属锂和钠的处理

在锂离子电池、钠离子电池、锂金属电池等实验中，组装模型电池时需要使用活泼金属锂和钠。由于锂和钠与空气和水反应剧烈，快速产生高热，并放出易燃易爆气体（例如：氢气），存在燃烧和爆炸安全隐患。因而，要对锂和钠进行妥善保管，通常锂、钠等活泼金属要保存在煤油中（带盖子的玻璃瓶中，煤油液面需要没过金属块），或放置在充满高纯氩气的手套箱内隔绝水和空气，远离明火和易燃物质。此外，对实验过程中产生的废锂/钠碎屑以及测试后的电池应妥善处理。

废锂/钠碎屑的建议处理步骤如下：

（1）在充满高纯氩气的手套箱中，将大的锂、钠块或电极片切成碎屑；

（2）在一个空旷的室外或没有杂物的通风橱内，将锂/钠碎屑小批量浸入盛有适量无水乙醇的大玻璃烧杯中使其慢慢反应，贴好标签，写明"处理锂/钠，注意安全"，切记不可大批量或将整个锂/钠块放入乙醇中；

（3）待上一批反应完毕，再往无水乙醇中丢入下一小批的锂/钠碎屑，坚持少量多次原则；

（4）待容器内无明显锂/钠碎屑后，往溶液里加入少量水使其反应完全，再加入少量稀酸中和后倒入废液桶。

处理锂/钠的注意事项如下：

（1）处理废锂/钠时需有专业的老师在场，安排专门的学生负责，拿出手套箱的废锂/钠需立即处理完毕；

（2）将废弃碱金属电池处于放电状态，切不可处于过充状态，防止因短路快速放电引发危险；

（3）将废弃碱金属电池置于专门的密封容器内，有专人负责保管，远离热源、火源、水源等；

（4）拆解碱金属电池时，应在高纯氩气手套箱中拆开电池并剪碎锂/钠电极片，从手套箱取出锂/钠碎片后应尽快浸入足量乙醇中淬灭；

（5）在处理锂和钠金属过程中，严禁接触水、潮湿环境、易燃气体等，处理人员必须等待活泼金属与乙醇反应完全后才能离开；

（6）为安全起见，应对废旧锂和钠及时处理，避免大量积累产生安全隐患；

（7）碱金属若燃烧或冒烟，在确保人身安全的前提下，使用干砂或灭火毯进行覆盖灭火，千万不能用水或干冰灭火器进行灭火。

第一章

能源存储器件组装及性能测试实验

实验一 锂离子电池石墨负极的循环稳定性测试

一、实验目的

1. 了解锂离子电池的基本结构和工作原理;
2. 掌握石墨负极的制作和锂离子电池扣式半电池的组装方法;
3. 掌握利用电池性能测试系统测试电池循环稳定性的参数设置和数据分析方法。

二、实验原理

1. 锂离子电池的基本结构和工作原理

锂离子电池(lithium ion battery,LIB)是一种可充放电的二次电池,具有能量密度高、电压平台高、放电电压稳定、循环寿命长等优点。2019年诺贝尔化学奖授予美国固体物理学家John Goodenough(约翰·古迪纳夫,电池正极材料钴酸锂、锰酸锂和磷酸铁锂的发明者)、英国化学家Stanley Whittingham(斯坦利·威廷汉,锂电池研究先驱,发明硫化钛-金属锂可充锂电池)和日本化学家Akira Yoshino(吉野彰,智能手机和电动汽车使用的钴酸锂-石墨商业化锂离子电池的开发者),以表彰三位科学家在锂离子电池理论研究及产业化开发领域做出的突出贡献。

锂离子电池的结构主要包括两个电极(正极和负极)、电解液和隔膜(如图1所示)。正极通常为一些含锂的化合物,如钴酸锂($LiCoO_2$)、磷酸铁锂($LiFePO_4$)、锰酸锂($LiMn_2O_4$)、镍钴锰酸锂($LiNi_xCo_yMn_{1-x-y}O_2$)等,以铝箔作为集流体(实现外电路和电极材料之间的电子传导）。负极通常为石墨、碳、硅或锡等，以铜箔作为集流体。隔膜通常为绝缘的聚烯烃（聚乙烯或聚丙烯）多孔膜，可以隔离正、负极，阻断电子传导但是允许锂离子传输。电解液的配制：将六氟磷酸锂（$LiPF_6$）、高氯酸锂（$LiClO_4$）等锂盐溶解在碳酸乙烯酯、碳酸丙烯酯、碳酸二甲酯、碳酸二乙酯、碳酸甲乙酯、聚乙烯等有机溶剂中。

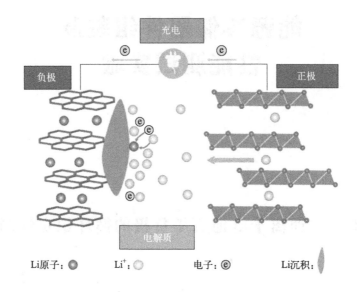

图1　锂离子电池基本结构及充电过程原理示意图

锂离子电池的工作原理是通过锂离子在正负极之间进行可逆的嵌入和脱出实现循环充放电以及电能与化学能的相互转换。以钴酸锂正极-石墨负极锂离子电池为例（如图1所示）。当电池充电时，锂离子从正极钴酸锂中脱出（部分 Co^{3+} 被氧化为 Co^{4+}，生成 $Li_{1-x}CoO_2$），经过电解液和隔膜后嵌入负极石墨中生成 Li_xC_6，同时，正极失电子通过外部电路传输到负极。在电池放电时，锂离子和电子则反向流动，正极和负极分别生成钴酸锂和石墨。

钴酸锂正极、石墨负极的锂离子电池电极反应机理（正向为充电反应，逆向为放电反应）：

正极反应：　　　　　$LiCoO_2 \rightleftharpoons Li_{1-x}CoO_2 + xLi^+ + xe^-$

负极反应：　　　　　$6C + xLi^+ + xe^- \rightleftharpoons Li_xC_6$

电池总反应：　　　　$LiCoO_2 + 6C \rightleftharpoons Li_{1-x}CoO_2 + Li_xC_6$

2. 石墨负极的晶体结构和储锂机理

石墨是晶体结构介于原子晶体、金属晶体和分子晶体之间的一种属六方或三方晶系（图2）的过渡型晶体。石墨具有适合锂离子嵌入和脱出的层状结构，能够形成锂-石墨层间化合物。石墨晶体中，碳原子呈六方形排列并向二维方向延伸构成石墨片层，层内碳原子全部以 sp^2 杂化轨道和邻近的三个碳原子形成三个共价单键并排列成平面六角的网状结构，这些网状结构以范德华力形成互相平行的平面，构成片层结构。层内碳原子间距为

0.1420 nm，层间距为 0.3354 nm。

石墨具有成本低、储量丰富、电压平台低和嵌脱过程中体积变化小等优点，是理想的锂离子电池负极材料。石墨（包含天然石墨和人造石墨）是目前商业化锂离子电池的主要负极材料，占据 90% 以上市场份额。基于石墨的储锂反应机理，其理论比容量[1]为 372 mA·h·g^{-1}，电压平台在 0.05～0.3 V 之间。市场化的石墨负极比容量在 330 mA·h·g^{-1} 以上，首次库仑效率高于 90%。

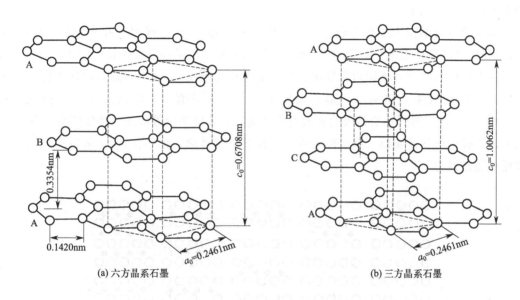

图 2　石墨的晶体结构示意图

锂离子（Li$^+$）嵌入石墨晶体的层间不会破坏石墨的二维网状结构，而是扩大层间距。因为 Li$^+$ 的嵌入和脱出导致的石墨层间距扩大和恢复过程是可逆的，所以石墨材料嵌脱锂也是可逆的。Li$^+$ 嵌入石墨会形成层间化合物（图3），通常表示为 Li$_x$C$_6$（$0<x\leqslant1$），其中 x 的大小与石墨材料的种类和结构、电解液的组成以及 Li$^+$ 移动速率等因素有关。当 $x=1$ 时，形成的是 LiC$_6$，为一阶锂石墨层间化合物，此时达到石墨的最大理论比容量（372 mA·h·g^{-1}）。锂离子迁移并嵌入石墨负极的过程大致可以分为以下四个步骤：（1）溶剂化锂离子在电解液中的扩散；（2）到达石墨负极表面的溶剂化锂离子开始去溶剂化；（3）去溶剂化的锂离子穿过固态电解质膜（SEI）并伴随电荷转移嵌入石墨层间；（4）锂离子在石墨层间扩散通过不同插层阶段（图3中的1、2、3、4阶）之间的相变存储在石墨中。

3. 锂离子电池石墨负极的电化学特征

电池的循环稳定性是指电池在恒电流充放电循环过程中，其电化学性能的持久性和稳定性，通常指电池的容量密度或能量密度随着循环次数的增加的稳定情况，反映了电池的使用寿命。一种具有良好循环稳定性的电池材料应该能够在长时间的充放电循环过程中，

---

[1] 理论比容量也常称为理论容量。

保持稳定的容量密度、能量密度、库仑效率和充放电电压平台等特性。电极材料的结构稳定性是影响电池循环稳定性的关键因素。电极材料在循环过程中会发生结构和组成变化，比如体积膨胀、溶解于电解液、发生不可逆相变等，这些变化会导致电池容量的衰减。研究人员通常基于循环后电极材料的形貌、组成、晶体结构等方面的变化研究影响其循环稳定性的作用机制。此外，由于电池充放电过程中会产生热量，电极材料的热稳定性对电池的循环稳定性也有重要影响，一般通过测试电极材料的导热性能、热膨胀系数、分解温度等参数评估其热稳定性。

本实验以石墨作为工作电极、锂金属作为对电极/参比电极组装扣式电池（Li/C 电池），利用电池测试系统，对 Li/C 电池进行恒电流充放电循环性能测试。图 4(a) 为石墨负极的充放电曲线（横坐标为质量比容量，纵坐标为电压），其中，随着电压下降，比容量值升高的曲线为放电曲线，随着电压上升，比容量值升高的曲线为充电曲线。从图 4(a) 中，可以得到石墨负极的充放电比容量、充放电平台等电化学特性信息。图 4(b) 为石墨负极的循环性能图（纵坐标为质量比容量，横坐标为循环次数），可以清晰展示电池循环稳定性。

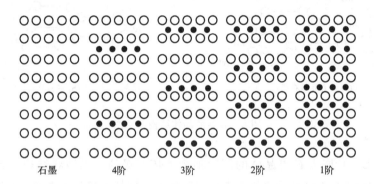

图 3　石墨晶体结构及其不同嵌锂阶段的晶体结构示意图（圆圈为石墨层，黑点为锂离子）

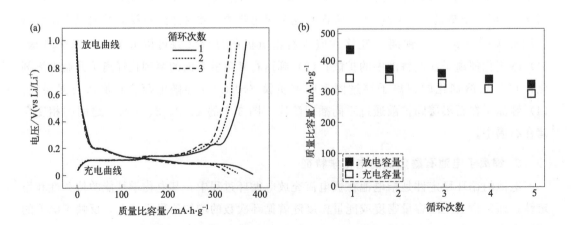

图 4　石墨负极的充放电曲线（a）和循环性能图（b）

在石墨负极的第一次放电过程中,电极材料表面与电解液发生副反应,并形成导离子而不导电子的固态电解质膜(SEI)。形成 SEI 层会消耗一定量的锂离子,并造成首次放电比容量高于首次充电比容量。电池的充电比容量($C_{充电}$)与放电比容量($C_{放电}$)的比值,称为电池的库仑效率(CE)。

$$CE = \frac{C_{充电}}{C_{放电}} \times 100\%$$

电池的充放电平台、比容量、库仑效率是电池循环性能测试中的重要参数。

三、实验试剂与仪器

试剂:石墨、导电炭黑(乙炔黑)、聚偏二氟乙烯黏结剂(PVDF)、氮甲基吡咯烷酮(NMP)、金属锂片、锂离子电池电解液、去离子水、无水乙醇。

耗材:乳胶手套、扣式电池壳、Celgard 电池隔膜、铜箔、泡沫镍、移液枪头。

仪器设备:手套箱(氩气氛)、电极片和隔膜冲片机、电池封装机、电池性能测试系统(武汉蓝电)、移液枪、绝缘镊子、天平、称量勺、玛瑙研钵、坩埚(30mL)、不锈钢小勺。

四、实验步骤

1. 石墨电极的制备

(1) 称量石墨(0.18 g)、导电炭黑(0.06 g)和 PVDF 黏结剂(0.06 g),放入研钵中研磨 10 min,将粉末转移到坩埚中,用不锈钢小勺混匀后,用移液枪加入 1 mL NMP 溶剂,用小勺持续搅拌使其分散均匀,得到电极浆料;

(2) 在玻璃板上滴适量乙醇,将铜箔平整地贴在玻璃板上,铜箔一头用胶带黏贴固定。用小勺将电极浆料转移到铜箔上贴近胶带的一端,用电极片刮刀将电极浆料缓慢刮涂在铜箔上。小心揭下铜箔黏贴在 A4 纸上,将铜箔四边用透明胶黏贴固定到 A4 纸上,标注样品名称(石墨电极),放入真空烘箱,温度设置为 80 ℃,烘干 1h;

(3) 将干燥后的铜箔用冲片机切成直径 14 mm 的圆形电极片,称量 10 个空白铜箔圆片求平均质量 a,称量电极片的质量 b,电极片放在电池纸袋中,用 $(b-a) \times 60\%$ 计算电极片上活性物质质量。(备注:每位同学至少准备 4 个电极片:2 个电极片用于组装 2 个电池分别测试 50 mA·g^{-1} 和 200 mA·g^{-1} 电流密度的循环稳定性,2 个电极片备用,电池组装发生短路时使用。)

2. 隔膜及泡沫镍垫片准备

(1) 将 Celgard 电池隔膜用切片机切成直径 18mm 的圆形片,备用;

(2) 将泡沫镍用切片机切成直径 14mm 的圆形片,备用。

3. 锂离子电池扣式半电池组装

(1) 在充满氩气的手套箱中(使用手套箱请剪短手指甲,不佩戴戒指、手表等),将正极电池壳平放于绝缘台面上,使用绝缘镊子将石墨电极片置于正极壳中心,并保证涂敷活性物质的面朝上;

(2) 使用移液枪量取 80μL 电解液，逐滴缓慢滴在电极片表面，达到浸润的效果；

(3) 将电池隔膜平放在电极片上层，再次用移液枪取 80μL 电解液滴加在隔膜表面，使隔膜完全浸润；

(4) 用绝缘镊子将锂片、泡沫镍依次置于隔膜上层，并用移液枪取 80μL 电解液滴在泡沫镍上，扣上负极电池壳；

(5) 用扣式电池封装机压紧电池，用纸巾擦拭溢出的电极液，放入电池纸袋中，供测试性能用。

（注意：电池组装过程中，确保石墨电极片、锂片和泡沫镍处于电池的中心并对齐，防止锂片和泡沫镍接触电池壳导致电池短路。使用万用表测试组装好的电池的电压，电压接近 0V 表示电池组装过程中发生了短路，需要重新组装。）

4. 锂离子电池循环稳定性测量

采用电池测试系统（武汉蓝电）进行电池循环稳定性测试，电压窗口设置为 0.01～1.0 V (vs Li$^+$/Li)，在 50 mA·g^{-1} 和 200 mA·g^{-1} 不同电流密度下进行恒定电流充放电循环性能测试 10 次循环，获得每次循环的充放电电压-质量比容量曲线和充放电比容量值。

五、实验数据记录与处理

根据所测数据绘制出锂离子电池石墨负极的充放电曲线图（第 1、3、10 次循环）和循环性能图，记录锂离子电池石墨负极前 10 次循环的放电、充电比容量并计算每次循环的库仑效率。

电极片质量：_____ mg　　活性物质质量：_____ mg
电流密度：_____ mA·g^{-1}　　测试电流：_____ μA

循环次数	放电比容量/mA·h·g^{-1}	充电比容量/mA·h·g^{-1}	库仑效率 CE/%
1			
2			
3			
4			
5			
6			
7			
8			
9			
10			

六、分析与思考

1. 乙炔黑、PVDF、铜箔、泡沫镍垫片的作用分别是什么？
2. 石墨负极的优点和缺点有哪些？
3. 不同电流密度循环时，石墨负极容量产生差异的原因有哪些？

实验二 锂离子电池磷酸铁锂正极的倍率性能测试

一、实验目的

1. 了解锂离子电池正极材料的储锂反应机理;
2. 掌握磷酸铁锂正极的制作及其扣式半电池的组装;
3. 掌握利用电池性能测试系统测试电池倍率性能的参数设置和数据分析方法。

二、实验原理

1. 锂离子电池常见正极材料

锂离子电池（lithium ion battery，LIB）的基本结构和工作原理见实验一。LIB 正极材料是电池主要组成部分之一，其成本占 LIB 材料总成本的比例高达 40%，其性能直接决定了 LIB 的各项性能指标，如能量密度、安全性、使用寿命、充电时间及高低温性能等。目前，LIB 正极材料主要包括钴酸锂（$LiCoO_2$）、锰酸锂（$LiMn_2O_4$）、磷酸铁锂（$LiFePO_4$）、镍钴锰酸锂（常称为三元材料，$LiNi_xCo_yMn_{1-x-y}O_2$）四种材料。

钴酸锂具有层状晶体结构，是最早的商业化正极材料，反应机理为 $LiCoO_2 \rightleftharpoons Li_{1-x}CoO_2 + xLi^+ + xe^-$（$0 < x \leqslant 1$），正向为充电反应、逆向为放电反应，基于 Co^{3+} 和 Co^{4+} 的可逆氧化还原反应储锂。以钴酸锂作为正极材料具有生产技术简单、工作电压高、充电放电性能稳定等优点，但是钴资源稀缺、价格昂贵、环境不友好，$LiCoO_2$ 在锂离子电池的应用上存在许多局限性。

锰酸锂（$LiMn_2O_4$）具有尖晶石晶体结构，其中 Mn^{3+} 和 Mn^{4+} 的物质的量之比为 1∶1，反应机理为 $LiMn_2O_4 \rightleftharpoons Li_{1-x}Mn_2O_4 + xLi^+ + xe^-$（$0 < x \leqslant 1$），正向为充电反应、逆向为放电反应，基于 Mn^{3+} 和 Mn^{4+} 的可逆氧化还原反应储锂。锰的价格比钴便宜，而且锰具有无毒、污染少、易于回收利用等优点，但是 $LiMn_2O_4$ 具有比 $LiCoO_2$ 较低的比容量和充放电平台，且循环过程中比容量较易衰减，特别是高温条件循环时容量衰减显著。

磷酸铁锂（$LiFePO_4$）具有正交对称性的橄榄石晶体结构，反应机理为 $LiFePO_4 \rightleftharpoons Li_{1-x}FePO_4 + xLi^+ + xe^-$（$0 < x \leqslant 1$），正向为充电反应、逆向为放电反应，基于 Fe^{2+} 和 Fe^{3+} 的可逆氧化还原反应储锂。以磷酸铁锂作为正极材料具有高安全性（高温性能和热稳定性）、高可逆比容量、环境友好、资源丰富、成本低等优点，但其电子电导率和离子扩散速率低于 $LiCoO_2$。

镍酸锂（$LiNiO_2$）具有层状结构，反应机理为 $LiNiO_2 \rightleftharpoons Li_{1-x}NiO_2 + xLi^+ + xe^-$（$0 < x \leqslant 1$），正向为充电反应、逆向为放电反应，基于 Ni^{3+} 和 Ni^{4+} 的可逆氧化还原反应储锂；具有比 $LiCoO_2$ 更高的实际容量，在价格和资源上具有更高的优势；但难以合成结构稳定的严格化学计量的 $LiNiO_2$ 材料，且热稳定性较差，因此至今仍未实现商业化。

镍钴锰酸锂（常称为三元材料，$LiNi_xCo_yMn_{1-x-y}O_2$）具有层状晶体结构，反应机理为 $LiNi_xCo_yMn_{1-x-y}O_2 \rightleftharpoons Li_{1-a}Ni_xCo_yMn_{1-x-y}O_2 + aLi^+ + ae^-$（$0 < a \leqslant 1$），正向为充电反应、逆向为放电反应，基于 Ni^{3+}、Co^{3+}、Mn^{3+} 与对应的 Ni^{4+}、Co^{4+}、Mn^{4+} 的可逆氧化还原反应储锂；相对于镍酸锂（$LiNiO_2$）正极，钴离子的引入能有效地抑制锂离子和镍离子的阳离子混排现象，稳定材料的晶体结构，镍离子的引入可以有效地提高材料的比容量和能量密度，锰离子的引入可以有效降低材料成本，提高材料的安全性；但钴离子浓度过高会导致比容量降低。

表 1 综合对比了目前常用 LIB 正极材料的性能，可以看出 $LiFePO_4$ 具有适中的比容量和较高的环保性及安全性，且其原料廉价、生产成本低，因而被广泛应用在对安全性要求较高的电动汽车和储能领域。

电池理论比容量 C（$mA \cdot h \cdot g^{-1}$）的计算公式

$$C = nF/M$$

式中，n 为转移电子数，mol；F 为法拉第常数，96485 $C \cdot mol^{-1}$ 即 26801 $mA \cdot h \cdot mol^{-1}$）；$M$ 为摩尔质量，$mol \cdot g^{-1}$。

表 1 常见锂离子电池正极材料的理论比容量、环保性和安全性对比

LIB 正极材料	理论比容量	环保性	安全性
$LiCoO_2$	273 $mA \cdot h \cdot g^{-1}$	★	★
$LiMn_2O_4$	148 $mA \cdot h \cdot g^{-1}$	★	★★
$LiFePO_4$	170 $mA \cdot h \cdot g^{-1}$	★★★	★★★
$LiNi_{0.5}Co_{0.2}Mn_{0.3}O_2$	280 $mA \cdot h \cdot g^{-1}$	★	★

2. 磷酸铁锂正极材料

$LiFePO_4$ 是 1997 年美国得克萨斯大学奥斯汀分校 John. B. Goodenough（2019 年获得诺贝尔化学奖，表彰其发明了 $LiCoO_2$、$LiMn_2O_4$、$LiFePO_4$ 正极材料）研究团队发明并首次报道的具有可逆嵌入/脱出锂能力的新型 LIB 正极材料。$LiFePO_4$ 的理论比容量为 170 $mA \cdot h \cdot g^{-1}$，实际电池比容量可高达 140 $mA \cdot h \cdot g^{-1}$，典型放电平台为 3.2～3.4 V（图 1）。

$LiFePO_4$ 晶体具有橄榄石结构（图 2），属于正交晶系（$a = 1.0329$ nm，$b = 0.6011$ nm，$c = 0.4690$ nm，$\alpha = \beta = \gamma = 90°$），晶体结构中 O 原子以稍微扭曲六面紧密结构的形式堆积，Fe 原子和 Li 原子均占据八面体中心位置分别形成 FeO 八面体和 LiO 八面体，P 原子占据四面体中心位置形成 PO 四面体。沿 a 轴方向，交替排列的 FeO 八面体、LiO 八面体和 PO 四面体形成了一个层状结构。各 FeO 八面体形成的平行平面之间，由 PO 四面体连接起来，每一个 PO 与一个 FeO 层有一个公共点，与另一 FeO 层有一个公

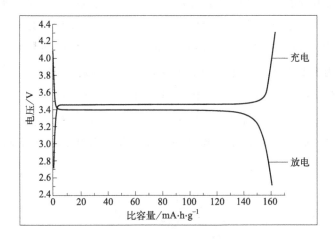

图 1　$LiFePO_4$ 的典型充放电曲线

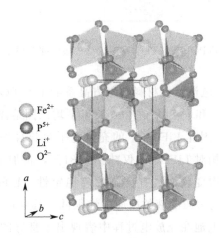

图 2　$LiFePO_4$ 的晶胞结构示意图

共边和一个公共点，PO 四面体之间彼此没有任何连接。

晶体结构的特征及其对电化学性能的影响：(1) $LiFePO_4$ 晶体由 FeO 八面体和 PO 四面体构成空间骨架，存在较强的三维立体的 P—O—Fe 键，因而不易析氧，故结构稳定性高，电池循环稳定性好。(2) 在 bc 面上，每一个 FeO 八面体与周围 4 个 FeO 八面体通过公共顶点连接起来，形成锯齿形的平面层，该过渡金属平面层能够传输电子，但由于没有连续的 FeO 共边八面体网络，因此不能连续形成电子导电通道，导致其电子电导率较低。(3) 由于八面体之间的 PO 四面体限制了晶格体积的变化，在锂离子所在的 ac 平面上，PO 四面体限制了 Li^+ 的移动，导致其离子扩散速率低。

针对 $LiFePO_4$ 颗粒中 Li^+ 的嵌入和脱出过程，最早提出的 "核收缩" 模型如图 3 所示。该模型认为，在充电过程中，随着 Li^+ 的脱出，$LiFePO_4$ 不断转化成 $FePO_4$，并形成 $FePO_4/LiFePO_4$ 界面，充电过程相当于这个界面向颗粒中心的移动过程。界面不断缩小，直至 Li$^+$ 的迁出量不足以维持设定电流最小值时，充电结束。此时尚未来得及迁出的 LiFePO$_4$ 就变成了不可逆比容量损失的来源。反之，放电过程就是从颗粒中心开始的，FePO$_4$ 转化为 LiFePO$_4$ 的过程。FePO$_4$/LiFePO$_4$ 界面不断向颗粒表面移动，直至 FePO$_4$ 全部转化为 LiFePO$_4$，放电结束。无论是充电还是放电过程，Li$^+$ 都要经历一个由外到内或者由内到外通过 FePO$_4$/LiFePO$_4$ 相界面的扩散过程。其中 Li$^+$ 穿过 FePO$_4$/LiFePO$_4$ 几个纳米厚的相界面的过程，是 Li$^+$ 扩散的控制步骤。人们通过对 LiFePO$_4$ 储锂相变过程的研究还提出了辐射模型和马赛克模型等多种机理，揭示不同结构 LiFePO$_4$ 的嵌锂机理。

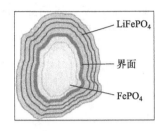

图 3　LiFePO$_4$ 的 FePO$_4$/LiFePO$_4$ 界面运动"核收缩"模型充放电机理示意图

电池的充放电过程中，电池正极材料在斜方晶系的 LiFePO$_4$ 和六方晶系的 FePO$_4$ 两相之间转变。由于 LiFePO$_4$ 和 FePO$_4$ 在 200 ℃ 以下均以固熔体形式共存，在充放电过程中没有明显的两相转折点，因此 LiFePO$_4$ 的充放电平台长且平稳。另外，在充电过程完成后，正极 FePO$_4$ 的体积相对 LiFePO$_4$ 仅减少 6.81%，再加上 LiFePO$_4$ 和 FePO$_4$ 在低于 400 ℃ 时几乎不发生结构变化，具有良好的热稳定性。LiFePO$_4$ 和 FePO$_4$ 在室温到 85 ℃ 范围内，与常规有机电解质溶液的反应活性很低，具有较好的电解液相容性。因此，以 LiFePO$_4$ 为正极的 LIB 电池在充放电过程中表现出了良好的循环稳定性和较长的循环寿命。

综上，磷酸铁锂（LiFePO$_4$）具有优异的稳定性、循环性能和安全性能，而且原料易得、价格便宜、无毒、无污染。然而与钴酸锂和镍钴锰酸锂相比，LiFePO$_4$ 也存在比容量较低、电压较低、充填密度较低、大电流性能不好、低温性能差等缺点，且 LiFePO$_4$ 中 Fe 为 +2 价，在空气中不稳定，导致其不能在空气中合成，使得不同合成方法生产的产品的一致性较差。

三、实验试剂与仪器

试剂：磷酸铁锂、导电炭黑、聚偏二氟乙烯黏结剂（PVDF）、氮甲基吡咯烷酮（NMP）、金属锂片、锂离子电池电解液、去离子水、无水乙醇。

耗材：乳胶手套、扣式电池壳、Celgard 电池隔膜、铝箔、泡沫镍、移液枪头。

仪器设备：手套箱（氩气氛）、电极片和隔膜冲片机、电池封装机、电池性能测试系统（武汉蓝电）、移液枪、绝缘镊子、天平、称量勺、玛瑙研钵、坩埚（30mL）、不锈钢小勺。

四、实验步骤

1. LiFePO₄ 电极的制备

（1）将 LiFePO$_4$（0.18 g）、导电炭黑（0.06 g）和 PVDF 黏结剂（0.06 g）装入研钵中，研磨 10 min，用不锈钢小勺将粉末转移到坩埚中，用小勺混匀后，再用移液枪加入 1 mL NMP 溶剂，用小勺子持续搅拌使分散均匀，得到电极浆料；

（2）在玻璃板上滴适量乙醇，将铝箔平整地贴在玻璃板上，铝箔一头用胶带黏贴固定。用小勺将电极浆料转移到铝箔上贴近胶带的一端，用电极片刮刀将电极浆料缓慢刮涂在铝箔上。小心揭下铝箔黏贴在 A4 纸上，将铝箔四边用透明胶黏贴固定到 A4 纸上，标注样品名称，放入真空烘箱，温度设置为 80 ℃，持续抽真空，烘干 1 h；

（3）将干燥后的铝箔用冲片机切成直径 14 mm 的圆形电极片，称量 10 个空白铝箔圆片求平均质量 a，称量电极片的质量 b，电极片放在电池纸袋中，用 $(b-a)\times 60\%$ 计算电极片上活性物质质量。（备注：每位同学至少准备 2 个电极片：1 个电极片用于组装电池测试倍率性能，1 个电极片备用，电池组装发生短路时使用。）

2. 隔膜及泡沫镍垫片准备

（1）用切片机将 Celgard 电池隔膜切成直径 18mm 的圆形片，备用；

（2）用切片机将泡沫镍切成直径 14mm 的圆形片，备用。

3. 锂离子电池扣式半电池组装

（1）在氩气气氛手套箱中将正极电池壳平放于绝缘台面上，使用绝缘镊子将磷酸铁锂电极片置于正极壳中心；

（2）用移液枪取 80μL 电解液滴在电极片表面；

（3）用镊子将电池隔膜平放在电极片上，再次用移液枪取 80μL 电解液滴在隔膜上使其完全浸润；

（4）用绝缘镊子将锂片、泡沫镍垫片依次放置于隔膜上，移液枪取 80μL 电解液滴在泡沫镍上，扣上负极电池壳；

（5）用扣式电池封装机压紧电池，用纸巾擦拭干净放入电池纸袋中，待测电池性能。

4. 锂离子电池倍率性能测量

采用电池测试系统（武汉蓝电）进行电池倍率性能测试，电压窗口设置为 2.5～4.0 V (vs Li$^+$/Li)，依次以 20 mA·g^{-1}、50 mA·g^{-1}、100 mA·g^{-1}、200 mA·g^{-1}、300 mA·g^{-1}、100 mA·g^{-1}、20 mA·g^{-1} 不同电流密度下进行恒定电流充放电循环性能测试，每个电流密度下测试 5 次循环，获得每次循环的充放电电压-比容量曲线和充放电比容量值，即为倍率性能。

五、实验数据记录与处理

根据所测数据，计算首次库仑效率，绘制出锂离子电池磷酸铁锂正极在不同电流密度下的充放电曲线图（第 2、7、12、17、22、27、32 次循环）和倍率性能图，记录锂离子电池磷酸铁锂正极倍率性能测试过程中用不同电流密度测试时，相对 20 mA·g^{-1} 电流测试中第 2 次循环放电容量的容量保持率（%）。

电极片质量：_____mg　　活性物质质量：_____mg　　测试电流：_____μA

循环次数	电流密度/mA·g^{-1}	放电比容量/mA·h·g^{-1}	充电比容量/mA·h·g^{-1}	容量保持率/%
1				×
2				×
7				
12				
17				
22				
27				
32				

六、分析与思考

1. 为什么锂离子电池正极集流体用铝箔，而负极集流体用铜箔？

2. 大多数正极材料为了提高循环寿命，其实际容量通常需要低于理论容量，试解释其原因。

3. 倍率性能测试中，使用不同电流密度时磷酸铁锂正极容量产生差异的原因是什么？

实验三 钠离子电池磷酸钒钠正极的循环伏安特性曲线测试

一、实验目的

1. 了解钠离子电池正极材料磷酸钒钠的储钠机理；
2. 掌握磷酸钒钠正极的制作及其扣式半电池的组装；
3. 掌握利用电化学工作站测试电池循环伏安曲线并进行电化学性能分析。

二、实验原理

1. 钠离子电池正极材料

锂离子电池（Lithium-ion battery，LIB）已被广泛应用，但锂的低储量（约 0.065‰）及高成本（约 80 万元/吨）限制了其大规模装配。钠离子电池（Sodium-ion battery，SIB）由于钠的丰富储量（2.75%）及廉价优势（约 2 万元/吨）被认为是大规模储能装置的最佳方案之一。钠离子电池与锂离子电池工作原理相似，依靠钠离子在正极和负极之间移动来工作（图1）。

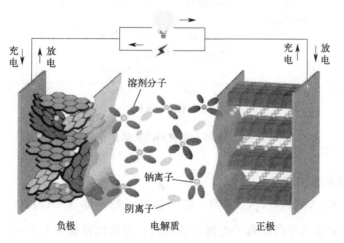

图 1 钠离子电池工作原理示意图

与锂离子电池相比，钠离子电池具有的优势有：(1) 钠盐原材料储量丰富，价格低廉，采用磷酸钒钠正极材料相比较镍钴锰酸锂正极材料，原料成本降低一半；(2) 由于钠盐特性，允许使用低浓度电解液（同样浓度电解液，钠盐电导率高于锂盐电解液 20% 左右）降低成本；(3) 钠离子不与铝形成合金，负极可采用铝箔作为集流体，可以进一步降低成本 8% 左右，降低质量 10% 左右；(4) 由于钠离子电池无过放电特性，允许钠离子电池放电到零伏。钠离子电池能量密度大于 100W·h·kg^{-1}，可与磷酸铁锂锂离子电池相媲美，但是其成本优势明显，有望在大规模储能中取代传统铅酸电池。然而，由于钠离子相对锂离子尺寸更大，需要更大的能量来驱动离子的运动，这成为钠离子电池开发亟须解决的关键问题。

钠离子电池研究最早开始于 20 世纪 80 年代前后，开发高性能钠离子电池电极材料是钠离子储能电池实现商业化应用的关键之一。2010 年以来，根据钠离子电池特点设计开发了一系列正、负极材料，在比容量和循环寿命方面有很大提升，如作为负极的硬碳材料、过渡金属及其合金类化合物，作为正极材料（图 2）的聚阴离子类 [$NaMPO_4$、Na_2FePO_4F、$Na_3V_2(PO_4)_3$、$Na_2MnP_2O_7$、$Na_3V_2(PO_4)_2F_3$ 等]、普鲁士蓝类 [$Na_xPR(CN)_6$，PR＝Fe、Co、Ni、Mn 等]、氧化物类材料 [特别是层状结构的 Na_xMO_2（M＝V、Mn、Cr、Co、Ni、Fe、Ti 等）及其二元、三元材料] 展现了很好的充放电比容量和循环稳定性。

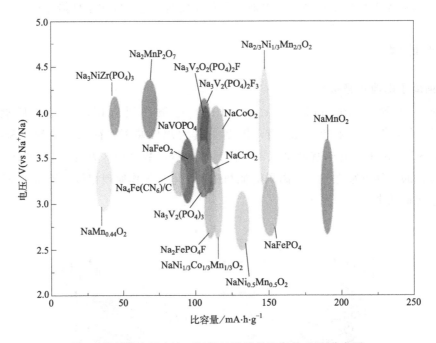

图 2　常见钠离子电池正极材料的质量比容量-电压分布图

2. 磷酸钒钠正极材料

磷酸钒钠 [$Na_3V_2(PO_4)_3$，NVP] 属于钠离子超导体（NASICON）材料，是一种被最广泛研究的聚阴离子类钠离子电池正极材料，理论比容量为 117 mA·h·g^{-1}，能量密度为 400 W·h·kg^{-1}，工作电压为 3.4 V，具有三维开放的构架结构和钠离子传输通道，循环稳定性好，热稳定性好，是理想的商用钠离子电池正极材料之一。其储钠反应机理为 $Na_3V_2(PO_4)_3 \rightleftharpoons NaV_2(PO_4)_3 + 2Na^+ + 2e^-$，如图 3 所示，$Na_3V_2(PO_4)_3$ 中 V 为 +3 价，$NaV_2(PO_4)_3$ 中 V 为 +4 价。磷酸钒钠的充放电性能测试常用的电压范围为 2.7~3.8 V，充放电平台约为 3.4 V（图 4），对应反应活性电对为 V^{3+}/V^{4+}。图 5 为磷酸钒钠的典型循环伏安曲线，——线为首次循环伏安曲线，---线为第 5 次循环的循环伏安曲线、---线为第10次循环的循环伏安曲线,对应充电电压峰值约为3.55V,放电电压峰值约为3.23V。

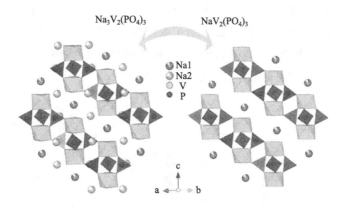

图3 磷酸钒钠正极材料的电化学储能机理

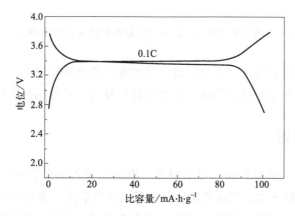

图4 磷酸钒钠正极的典型充放电曲线(以金属钠为对电极和参比电极)

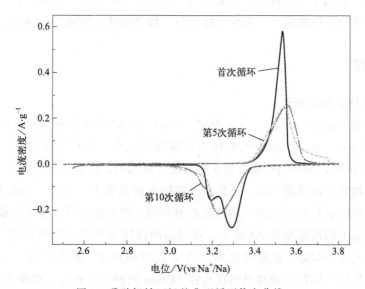

图5 磷酸钒钠正极的典型循环伏安曲线

利用第一性原理计算，研究人员提出磷酸钒钠中钠离子的三种可能的钠离子扩散路径（图6）。第一种扩散路径［图6(a)］，钠离子通过两个PO_4四面体之间的通道，沿着x轴方向扩散，对应活化能为0.0904 eV。第二种扩散路径［图6(b)］，钠离子经过PO_4四面体和VO_6八面体之间的空隙，沿y轴方向扩散，对应活化能为0.11774 eV。第三种扩散路径［图6(c)］，钠离子绕过VO_6八面体通过相邻的PO_4四面体和VO_6八面体之间的通道进行扩散，弯向z轴方向扩散，对应活化能为2.438 eV。

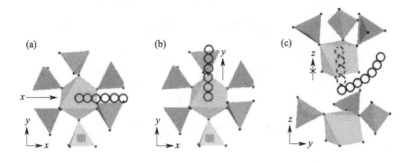

图6　磷酸钒钠中钠离子的三种可能的钠离子扩散路径示意图

磷酸钒钠的典型缺点是电子电导率低，导致电池倍率性能较差，提升其电子电导率是改善其电池倍率性能的主要增效策略，包括碳材料复合、形貌结构调控和元素掺杂等。

三、实验试剂和仪器

试剂：金属钠片、磷酸钒钠、导电炭黑、聚偏二氟乙烯黏结剂（PVDF）、氮甲基吡咯烷酮（NMP）、去离子水、无水乙醇、钠离子电池电解液、去离子水、无水乙醇。

耗材：乳胶手套、扣式电池壳、玻璃纤维电池隔膜、铝箔、泡沫镍、移液枪头。

仪器设备：电化学工作站（上海辰华）、手套箱（氩气氛）、电极片和隔膜冲片机、电池封装机、移液枪、绝缘镊子、天平、称量勺、玛瑙研钵、坩埚（30 mL）、不锈钢小勺。

四、实验步骤

1. 磷酸钒钠正极的制备

（1）将磷酸钒钠（0.18 g）、导电炭黑（0.06 g）和PVDF黏结剂（0.06 g）装入研钵中，研磨10 min，用不锈钢小勺将粉末转移到坩埚中，用小勺混匀后，再用移液枪加入1 mL NMP溶剂，用小勺持续搅拌1 min使分散均匀，得到电极浆料；

（2）在玻璃板上滴适量乙醇，将铝箔平整贴在玻璃板上，铝箔一头用胶带黏贴固定。用小勺子将电极浆料转移到铝箔上贴近胶带的一端，用电极片刮刀将电极浆料缓慢刮涂在铝箔上。小心揭下铝箔黏贴在A4纸上，将铝箔四边用透明胶黏贴固定到A4纸上，标注样品名称，放入真空烘箱，温度设置为80 ℃，持续抽真空，烘干1 h；

（3）将干燥后的铝箔用冲片机切成直径14 mm的圆形电极片，称量10个空白铝箔圆片求平均质量a，称量电极片的质量b，电极片放在电池纸袋中，用$(b-a)\times 60\%$计算电极片上活性物质质量。（备注：每位同学至少准备 2 个电极片：1 个电极片用于组装电池测试循环伏安曲线，1 个电极片备用，电池组装发生短路时使用。）

2. 隔膜及泡沫镍垫片准备

（1）将玻璃纤维电池隔膜用切片机切成直径 18mm 的圆形片，备用；
（2）将泡沫镍用切片机切成直径 14mm 的圆形片，备用。

3. 钠离子电池扣式半电池组装

（1）在氩气保护的手套箱中，将正极电池壳平放于绝缘台面上，用绝缘镊子将磷酸钒钠电极片置于正极壳中心；
（2）用移液枪取 80μL 电解液滴在电极片表面，浸润活性物质；
（3）将电池隔膜平放在电极片上，用移液枪取 80μL 电解液滴在隔膜上使其完全浸润；
（4）将钠片电极的保护膜去掉，用绝缘镊子将钠片、泡沫镍垫片依次置于隔膜上层，保持钠片、泡沫镍垫片中心与电池中心对齐，用移液枪取 80μL 电解液滴在泡沫镍上，扣上负极电池壳；
（5）用扣式电池封装机压紧电池，用纸巾吸取溢出的电解液，电池放入电池纸袋中，待测试循环伏安性能时用。

4. 钠离子电池循环伏安曲线测试

采用电化学工作站（上海辰华），电压窗口设置为 2.7～3.8 V（vs Na^+/Na），电压扫速设置为 0.2 mV·s^{-1}，测试 5 次循环。

五、实验数据记录与处理

根据电化学工作站所测数据，绘制出钠离子电池磷酸钒钠正极的前 4 次的循环伏安曲线，图中标注每次循环时充电/放电电压峰值。

电极片质量：____mg	活性物质质量：____mg		测试电压扫速：____mV·s^{-1}	
循环次数	1	2	3	4
充电电压峰值/V				
放电电压峰值/V				

六、分析与思考

1. 为什么钠离子电池隔膜使用玻璃纤维隔膜而不使用锂离子电池用 Celgard 隔膜？
2. 磷酸钒钠正极与层状氧化物正极的优缺点各有哪些？
3. 循环伏安曲线在电池电极材料电化学性能研究中的作用有哪些？

实验四　碳纳米管嵌硫作为正极的锂硫电池的组装及性能测试

一、实验目的

1. 掌握碳纳米管、电极、电极极化、锂硫电池等概念；
2. 学会电池正极的常规制备方法及优化策略；
3. 掌握电化学工作站、电池测试柜等的使用方法及工作原理。

二、实验原理

在所有金属元素中，锂的密度低且电负性高，理论比容量达到 3861 mA·h·g^{-1}，而硫元素的理论比容量也达到了 1675 mA·h·g^{-1}，由此组装的锂硫（Li-S）电池的能量密度可达 2552 W·h·kg^{-1} 或 2800 W·h·L^{-1}，是商用锂离子电池能量密度的 5 倍以上。锂硫电池由正极、负极、电解质、隔膜以及外壳五部分组成。在 Li-S 电池中，单质硫具有质量轻、储量丰富、环境友好和价格低廉的优势，因而具备大规模应用和大范围推广的潜力。

图 1 为 Li-S 电池的结构及反应机理：放电时，负极的锂原子失去电子，被氧化生成 Li$^+$ 进入电解液并穿过隔膜到达硫正极，而同时电子通过外部导线进入正极，正极的硫得到电子被还原，生成二价硫离子（S^{2-}），并与电解液中的 Li$^+$ 结合生成硫化锂（Li$_2$S）；充电时，正极的 Li$_2$S 失去电子，S^{2-} 被氧化为单质硫，释放 Li$^+$ 到电解液中，失去的电子通过外电路到达锂负极，将电解液中的 Li$^+$ 还原为金属锂沉积下来。

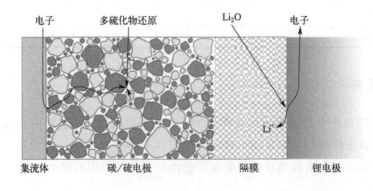

图 1　锂硫电池结构及放电过程中电子和离子的运动路径示意图

Li-S 电池正极的单质硫在醚基电解液中的转化路径是：在放电过程中，固态的 S$_8$ 分子首先溶解于电解液中形成液态的 S_8 分子；随着 Li^+ 的插入，环状 S_8 分子的链被打开，S-S 键断裂，并与 Li^+ 反应生成可溶性的长链多硫化锂（Li_2S_n，$4 \leqslant n \leqslant 8$）；随后，长链的多硫化锂逐步被还原为短链多硫化锂（Li_2S_n，$2 \leqslant n < 4$），并最终生成不溶性的硫化锂（Li_2S）。理论上，充电过程发生的反应是放电反应的逆反应，涉及到 Li_2S 转化为短链多硫化锂、长链多硫化锂，最后转化为硫单质的多电子、多相变过程。该过程发生的电化学反应式可表述为：

正极反应： $S_8 + 16Li^+ + 16e^- \rightleftharpoons 8Li_2S$ (1)

负极反应： $16Li \rightleftharpoons 16Li^+ + 16e^-$ (2)

总反应： $S_8 + 16Li \rightleftharpoons 8Li_2S \quad E^{\ominus} = 2.15\ V$ (3)

其中 $E^{\ominus}$ 为标准电极电势，总反应式(3)中，单质硫的吉布斯自由能（$\Delta G_f^{\ominus}$）为 0，而生成 Li_2S 的 $\Delta G_f^{\ominus}$ 为 $-422\ kJ \cdot mol^{-1}$，电池的理论能量密度（ε_M）可根据反应吉布斯自由能的变化（$\Delta_r G_f^{\ominus}$）得到。即

$$\varepsilon_M = \frac{\Delta_r G_f^{\ominus}}{\sum M} \quad (4)$$

计算得到理论能量密度为 $2552\ W \cdot h \cdot kg^{-1}$。

在 Li-S 电池的不同反应阶段，具有不同的电子转移数。根据公式(5)可计算相应的放电比容量，其结果列于表 1 中。

$$q = \frac{nF}{M} \quad (5)$$

式中，q 为放电比容量，$mA \cdot h \cdot g^{-1}$；n 为每摩尔硫转移的电子数，mol^{-1}；F 为法拉第常数，$26.8\ A \cdot h$；M 为硫的摩尔质量，$32\ g \cdot mol^{-1}$。

表1 不同放电深度的产物及相应的电子转移数和放电比容量

放电产物	电子转移数(n)/($mol \cdot mol^{-1}\ S$)	放电深度/DOD	放电容量(q)/($mA \cdot h \cdot g^{-1}$)
$S_8 \longrightarrow S_8^{2-}$	0.25	12.5%	210
$S_8 \longrightarrow S_6^{2-}$	0.33	16.7%	280
$S_8 \longrightarrow S_4^{2-}$	0.5	25.0%	420
$S_8 \longrightarrow Li_2S_2$	1	50.0%	840
$S_8 \longrightarrow Li_2S$	2	100.0%	1680

由于中间态的放电产物易溶于电解液，在放电结束时，部分活性物质仍然会以可溶高价态聚硫锂的形式残留在电解液中或转化为 Li_2S_2，由于正极的导电性变差，难以进一步转化为放电终产物 Li_2S，从而导致放电比容量低于理论比容量。

碳纳米管（CNT）具有很高的电导率（通常可达铜的 1 万倍）、抗拉强度（达 50~200 GPa，是钢的 100 倍）、弹性模量（1 TPa，约为钢的 5 倍），同时，其密度小（钢的 1/6）、孔隙结构丰富、热导率高，是解决 Li-S 电池硫正极电导率低、体积膨胀大和穿梭效应严重的理想基体材料。将单质硫与多孔的 CNT 材料混合并加热到 155 ℃，此时硫的黏度低，S_8 分子很容易进入 CNT 的空隙中，形成物理分隔的反应微腔。在充放电时，可溶的多硫化锂大部分会被限制在 CNT 孔隙中，阻止其向电解液的扩散，进而抑制穿梭效

应,提升硫的利用率和电池容量。此外,由碳纳米管组成的导电网络,有力地促进了电子和离子传输,可以显著提升电极反应动力学和电池快充特性。

三、实验试剂与仪器

试剂:硫黄粉、碳纳米管(若干,实验室准备)、聚偏二氟乙烯(PVDF)、氮甲基吡咯烷酮(NMP)、导电炭黑、金属锂片、锂硫电池标准电解液(质量分数为1% $LiNO_3$ 和 1.0 $mol·L^{-1}$ LiTFSI 溶解于体积比为1∶1的 DOL/DME)。

耗材:乳胶手套、铝箔、聚丙烯(PP)隔膜、扣式电池壳与垫片。

仪器设备:手套箱(氩气氛)、移液枪、电化学工作站(1台)、电池测试柜(1台)、鼓风烘箱(1台)、真空烘箱(1台)、磁力搅拌器(1台)、管式炉(1台)、刮刀(1套)、切片机(1台)、压片机(1台)、电子天平(1台)、氮气(1瓶)、小玻璃瓶、玛瑙研钵、镊子、药匙。

四、实验步骤

1. 活性材料制备

称取一定量CNT(多壁碳纳米管)和硫黄粉,按质量比为7∶3混合,并放置于研钵中研磨15 min。随后,将上述混合物转移到坩埚中,在氮气保护的管式炉中155 ℃加热处理12h。冷却至室温后,用研钵充分研磨15min,得到CNT@S复合物。作为对比实验,在保证其它条件不变的条件下,采用等质量的导电炭黑(Super P)替代CNT。

2. 正极极片制备

首先,在小玻璃瓶中,将PVDF溶解于NMP溶剂中,配制浓度为20$mg·mL^{-1}$的PVDF黏结剂溶液。随后,取一定量的CNT@S复合物、导电炭黑和PVDF溶液,按照质量比7∶2∶1混合,在磁力搅拌器中搅拌2h,直至分散均匀。最后,将上述浆料均匀涂覆在铝箔表面,经60 ℃鼓风烘箱处理10min后,放置于真空烘箱60 ℃处理12h,冷却后用切片机切成小圆片备用。

3. 电池组装

在水含量小于0.01ppm和氧含量小于0.01ppm的手套箱中,按照正极壳、正极片、30 μL电解液、隔膜、30 μL电解液、金属锂片、垫片、弹片、负极壳的顺序装配电池。随后,用绝缘镊子将电池转移到压片机上,在50MPa下压制15s,静置12h,并转移出手套箱。

4. 电池电化学测试

(1)循环伏安测试(CV)

在电化学工作站上采用循环伏安法以不同的扫描速度对组装的扣式电池进行测试,以研究电池内部发生的电化学反应及动力学信息。电池在测试前均静置12 h,测试的电压范围为1.7~2.8 V,扫描速度为0.2 $mV·s^{-1}$,测试温度为25 ℃。

(2) 恒流充放电测试 (GCD)

在电池测试柜上对装配好的电池进行恒流充放电测试，获得电池的充放电曲线、质量比容量、库仑效率以及倍率性能（0.2 C、0.5 C 和 1 C，1 C＝1675 mA·g^{-1}）等信息。电池在测试前均静置 12 h，测试的充放电范围为 1.7～2.8 V，测试温度为 25 ℃。

五、实验数据记录与处理

1. 利用 origin 软件，作出循环伏安曲线图。

2. 利用 origin 软件，作出锂硫电池在不同电流密度下的倍率性能图，即质量比容量-循环次数图。

3. 利用 origin 软件，作出锂硫电池在 0.2～1 C 下的充放电曲线，即电压-质量比容量图。

4. 将电池的质量比容量、库仑效率以及倍率容量放入同一表格中，对比加入碳纳米管与炭黑的区别。

六、分析与思考

1. 在实验过程中，影响锂硫电池性能的因素有哪些？
2. 哪种类型的碳纳米管具有更优异的电池性能，为什么？
3. 碳纳米管用于提升锂硫电池性能有哪些不足之处？

实验五 固态锂硫电池的组装及性能测试

一、实验目的

1. 掌握锂硫固态电解质的制备方法；
2. 掌握锂硫固态电解质的工作原理及其与液态电解质的区别；
3. 应用电池测试系统测试所设计固态电池的性能；
4. 了解固态锂硫电池与常规电池的区别。

二、实验原理

锂硫电池因理论比容量和能量密度高等优点成为一种理想的二次电池之一，以锂金属为负极，硫为正极。在实验四中给出了锂硫电池的基本原理，硫正极在反应过程中会由固相的硫单质转化为液相的多硫化锂（如图1所示），而液相的多硫化锂会随着电解液穿梭到锂负极表面，进而导致活性物质硫的流失，并诱导锂枝晶的形成，从而使电池失效。除了设计多种形式的硫正极来束缚多硫化物，还可通过改变电解质的结构物相来有效抑制多硫化锂的穿梭效应。电解质对电池性能有重要的影响。

电池中的电解质作用：一方面提供部分活性锂离子，作为充放电过程中的导电离子使用；另一方面，电解质提供离子通道，使得锂离子可以在其中自由移动。因此，电解质的选用对锂硫电池的性能影响非常大，必须化学稳定性能好，尤其是在较高的电位下和较高温度环境中，并具有较高的电导率，而且对阴阳极材料必须是惰性的。由于锂硫电池充放电电位较高而且阳极材料嵌有化学活性较大的锂，所以电解质必须采用有机化合物且不能含有水。但有机物的电导率都不高，所以要在有机溶剂中加入可溶解的导电盐以提高电导率。目前，锂硫电池主要使用液态电解质。然而，在锂硫电池中使用液态电解质，除了不利于抑制多硫化物穿梭效应之外，有机溶剂的易燃性也是锂硫电池不安全的重要因素之一。而固态电解质的选用不但可以抑制多硫化物穿梭（图2），而且能够提高电池的安全性。因此，设计高稳定性的固态电解质是加快锂硫电池商业化进程的重要策略之一。锂硫固态电池具有以下优点：①可以避免多硫化锂穿梭效应；②固态电解质锂离子迁移数接近1，具有高的机械模量，有利于金属锂的均匀沉积并抑制锂枝晶的形成；③固态电解质与电极之间的离子转移不涉及去溶剂化，这可能会降低相关的活化势垒并加速离子迁移；④固态电解质的不可燃性显著提高电池的安全性能。为此，固态电解质是未来高性能和高安全性锂硫电池的理想选择。

固态锂硫电池体系中应用最多的固态电解质主要有无机氧化物、无机硫化物、无机氮

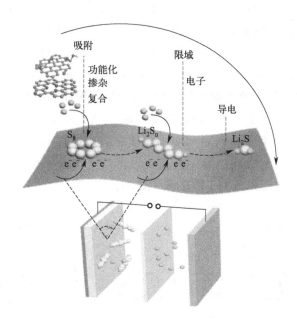

图 1 固相的硫单质转化为液相的多硫化物的示意图

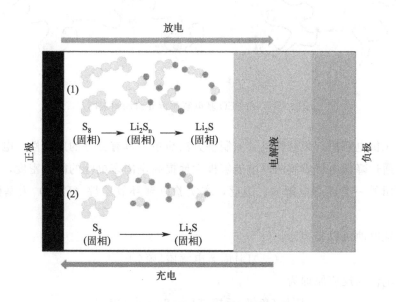

图 2 固态锂硫电池示意图

化物、无机氢化物以及有机聚合物。

（1）无机氧化物：常见的无机氧化物电解质主要有：石榴石（garnet）型锂镧锆氧 $Li_7La_3Zr_2O_{12}$（LLZO）、NASICON 型 $Li_{1+x}Al_xGe_{2-x}(PO_4)_3$（LAGP）/$Li_{1+x}Al_xTi_{2-x}(PO_4)_3$（LATP）、钙钛矿型 $Li_{0.33}La_{0.557}TiO_3$（LLTO）等。

（2）无机硫化物：硫化物电解质一般分为一元、二元及多元硫化物电解质。目前研究的硫化物电解质均基于 Li-P-S 体系，包括玻璃化 Li-P-S、Li_6PS_5X（X＝Cl、Br、I）、

$Li_{11-x}M_{2-x}P_{1+x}S_{12}$（M=Ge、Sn、S）以及硫化物混合物。

（3）无机氮化物：无机氮化物电解质主要是 Li_3N 以及薄膜电解质 LiPON。

（4）无机氢化物：氢化物固态电解质中较为常见的是 $LiBH_4$。

（5）有机聚合物：将锂盐溶解到有机聚合物基体中得到具有离子导电性的聚合物电解质。聚合物电解质的基体主要有聚环氧乙烷（PEO）、聚环氧丙烷（PPO）、聚甲基丙烯酸甲酯（PMMA）、聚丙烯腈（PAN）、聚氯乙烯（PVC）、聚偏二氟乙烯（PVDF）、聚碳酸丙烯酯（PPC）等。目前，PEO 聚合物基体在固态锂硫电池中的研究最为广泛。其中被公认的 PEO 离子传输机理：Li^+ 和 PEO 链上的—C—O—C—不断地发生吸附-解吸附，通过 PEO 的链段运动完成 Li^+ 的迁移（图3）。

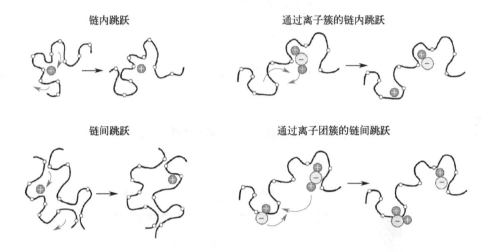

图 3　Li^+ 在 PEO 基电解质传导机制示意图

相比于无机电解质，聚合物电解质制备方法简单，具有良好的成膜性，电极和电解质接触良好，通过降低电解质膜的厚度能够极大地提高全固态电池的能量密度，是最接近商业化生产应用的一类固态电解质。因此，本实验以聚环氧乙烷（PEO）为基体构建固态锂硫电池。

固态锂硫电池可以表达为：

$$(-)Li|固态电解质|硫(+)$$

该类型电池的反应原理为：

$$阳极(负极)反应: 2Li - 2e^- = 2Li^+$$
$$阴极(正极)反应: S + 2e^- = S^{2-}$$
$$总反应: 2Li + S = Li_2S$$

三、实验试剂与仪器

试剂：聚环氧乙烷（PEO）、乙醇、锂片、双三氟甲烷磺酰亚胺锂（LITFSI）、无水乙腈、三氧化二铝（Al_2O_3）。

耗材：乳胶手套、扣式电池壳、铝箔。

仪器设备：手套箱（氩气氛）、电子天平、成模模具、切片机、电池性能测试系统（武汉蓝电）、万用表、电化学工作站。

四、实验步骤

1. 固态电解质的制备

（1）制样：将 0.6 g 的 PEO、0.05 g 的 Al_2O_3 与 0.24 g 的 LITFSI 放入容器（物质的量之比 PEO：Li^+ = 16：1），之后在容器中加入 15 mL 无水乙腈溶液，密封后放在磁力搅拌器上搅拌 12 h，形成均匀溶液。将溶液倒入成模模具，放入 60 ℃ 真空烘箱静置 2~3 h，随后真空干燥 24 h。取出模具，模具内形成均匀的固态电解质膜。

（2）切片：利用镊子取出 PEO-Al_2O_3/LITFSI 固态电解质膜，利用切片机将 PEO-Al_2O_3/LITFSI 固态电解质膜剪切成可用的电解质膜。

2. 组装固态锂硫电池

依次放入正极壳、正极极片（上节课制备的碳纳米管复合硫阴极涂布烘干之后，切成直径为 14 mm 的圆片作为固态锂硫电池正极）、PEO-Al_2O_3/LITFSI 膜（固态电解质）、负极锂片、垫片、弹片、负极壳。

注意：封口压力为 50 $kg \cdot cm^{-3}$。

3. 测试固态锂硫电池性能

利用电化学工作站测试开路电压、阻抗曲线和电压-电流极化曲线，在恒定电流密度下进行恒电流放电和充电测试。为进一步研究锂硫电池的循环稳定性，使用电池性能测试系统（武汉蓝电）以 25 $mA \cdot cm^{-2}$ 的电流密度下恒流充放电，每十分钟一个充放电循环，测 10 次循环。

五、实验数据记录与处理

1. 根据电池放电电流密度和欧姆电阻的大小，分析制备出性能良好的固态电解质的工艺条件（主要考虑物料的配比，电极的大小，电极成型的压力和电极厚度）。

2. 绘制充放电曲线，将最大电压、最大比容量等数据记入表 1。

表 1　固态锂硫电池性能测试数据记录与处理

组别	最大电压	最大比容量	库仑效率
1			
2			
3			
4			
5			
6			

六、分析与思考

1. 在实验过程中影响固态锂硫电池性能的因素有哪些？
2. 固态锂硫电池电压的影响因素有哪些？
3. 固态电解质与常用液态电解液有哪些区别？

实验六　双电层电容器的组装及性能测试

一、实验目的

1. 掌握超级电容器、电极、比电容、倍率性能、阻抗等概念；
2. 学会电极的制备和三电极体系的测试方法；
3. 掌握电极材料比电容、倍率性能、循环稳定性和阻抗的计算方法。

二、实验原理

双电层电容器是一种典型的超级电容器，它的原理如图1所示。当外加电压加到超级电容器的两个极板上时，与普通电容器一样，正极存储正电荷，负极存储负电荷。在电容器的两极板上电荷产生的电场作用下，在电解液与电极间的界面上形成相反的电荷，以平衡电解液的内电场。这种正电荷与负电荷在两个不同相之间的接触面上，以正负电荷之间极短间隙排列在相反的位置上，这个电荷分布层叫做双电层，因此电容量非常大。当两极板间电势低于电解液的氧化还原电极电位时，电解液界面上电荷不会脱离电解液，超级电容器为正常工作状态；如电容器两端电压超过电解液的氧化还原电极电位时，电解液将分解，为非正常状态。随着超级电容器放电，正、负极板上的电荷被外电路泄放，电解液的界面上的电荷相应减少。由此可以看出，双电层电容器的充放电过程始终是物理过程，没有化学反应，性质是稳定的，与利用化学反应的蓄电池有着本质的区别。

超级电容器的性能主要通过比电容、倍率性能、循环稳定性、阻抗、能量密度与功率密度这几个关键的指标来考量。

倍率性能是指不同电流下的放电性能，它是评价超级电容器快充能力的关键指标。循环稳定性是指超级电容器在一定圈数循环后仍保持有多少放电能力。

比电容分成质量比电容、体积比电容和面积比电容。其中质量比电容是指单位活性物质质量所放出的电量，单位是 $F \cdot g^{-1}$，其计算公式如下：

$$C_{sp} = \frac{I \times \Delta t}{m \times \Delta U} \tag{1}$$

能量密度是指单位质量的电容器所给出的能量，单位为 $W \cdot h \cdot kg^{-1}$，其计算公式如下：

$$E = \frac{C_{cell} \times \Delta U^2}{2 \times 3.6} \tag{2}$$

功率密度是指单位质量的超级电容器所给出的功率，表征超级电容器所承受电流的大小，单位为 $W \cdot kg^{-1}$，其计算公式如下：

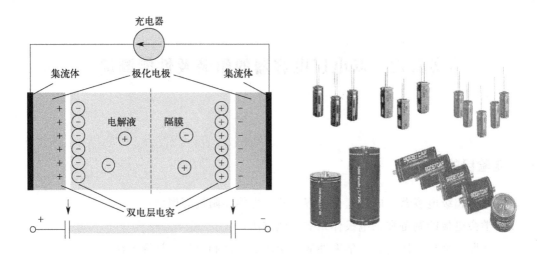

图 1 （左）双电层电容器工作原理图；（右）超级电容器实物图

$$P=\frac{E\times 3600}{\Delta t} \tag{3}$$

三、实验试剂与仪器

试剂：1 mol·L^{-1} KOH 溶液、2 mol·L^{-1} KOH 溶液、活性炭、导电炭黑、PTFE 粉末、氮甲基吡咯烷酮。

耗材：乳胶手套、泡沫镍。

仪器设备：电化学工作站、三电极电解槽、铂柱电极、Hg/HgO 电极、电极夹、玛瑙研钵。

四、实验步骤

1. Hg/HgO 参比电极的使用和维护：使用前先拔去液接部位的胶皮套，让 Hg/HgO 内部充满 1 mol·L^{-1} 的 KOH 盐桥，盐桥溶液中含有气泡时，可握紧电极轻甩几下，或竖起电极用手指轻弹，将气泡排掉。

2. 工作电极的制备：将活性炭、导电炭黑和 PTFE 粉末按质量比 80∶15∶5 在玛瑙研钵里研磨均匀，然后滴上几滴氮甲基吡咯烷酮混合形成黏稠浆料，接着将浆料均匀涂抹在 1 cm×1 cm 的泡沫镍上，再将泡沫镍放红外灯下烘干，最后将泡沫镍放在压片机下以 10 MPa 压成薄片。注意：需要记录空白泡沫镍和负载样品泡沫镍的质量。

3. 电极材料的测试：将工作电极放在 2 mol·L^{-1} 的 KOH 电解液中浸泡一夜，然后以 Hg/HgO 为参比电极，铂柱为对电极，将三者放在电解槽中形成三电极测试体系（图 2）。首先进行循环伏安（CV）的测试，设置电压范围为 $-1\sim 0$ V，扫速分别为 2 mV·s^{-1}、5 mV·s^{-1}、10 mV·s^{-1}、20 mV·s^{-1}、50 mV·s^{-1}。然后进行恒流充放电（GCD）的测试，设置电压范围为 -1 到 0 V，电流密度分别为 1 A·g^{-1}、2 A·g^{-1}、5 A·g^{-1}、

$10 A \cdot g^{-1}$、$20 A \cdot g^{-1}$。最后再进行交流阻抗（EIS）的测试，测试所设置的频率区间为 $10^{-3} \sim 10^5$ HZ。每次测试完记得点击"保存数据"。

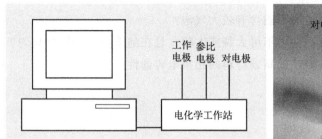
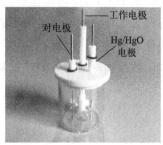

图 2　三电极测试体系示意图

五、实验数据记录与处理

1. 原始数据记录

空白泡沫镍质量_____ g；负载样品的泡沫镍质量_____ g；负载量_____ mg；活性物质质量_____ mg。

2. 实验数据处理（表 1）

（1）通过原始数据画出不同扫速的 CV 曲线，其中横坐标为电压窗口 [V(vs Hg/HgO)]，纵坐标为电流密度（$A \cdot g^{-1}$），类似矩形的 CV 曲线表明材料的双电层电容 (Electrochemical double-layer capacitors, EDLCs) 特性。

（2）绘制不同电流密度的 GCD 曲线，横坐标为时间，纵坐标为电压窗口 [V(vs Hg/HgO)]。

（3）根据式（1）算出不同电流密度下的比电容，绘制倍率性能图，其中横坐标为电流密度（$A \cdot g^{-1}$），纵坐标为比电容（$F \cdot g^{-1}$）。

（4）分别根据式（2）和式（3）计算出电极材料的能量密度和功率密度，绘制 Ragone 曲线，其中横坐标为功率密度（$W \cdot kg^{-1}$），纵坐标为能量密度（$W \cdot h \cdot kg^{-1}$）。

（5）根据阻抗原始数据绘制 EIS 曲线。横坐标为 Z′列数据，纵坐标为 −Z″列数据，其中曲线在横坐标的截距表示等效串联电阻，半圆环大小代表电子转移电阻，斜线的陡峭程度表征 Warburg 电阻，对应于电解液离子在电极内部的扩散速度。

表 1　超级电容器性能数据汇总表

电流密度/$A \cdot g^{-1}$	放电时间/s	比电容/$F \cdot g^{-1}$	能量密度/$W \cdot h \cdot kg^{-1}$	功率密度/$W \cdot kg^{-1}$
1				
2				
5				
10				
20				

六、分析与思考

1. 为什么 Hg/HgO 内部盐桥溶液要高于被测样品溶液的液面？
2. 为什么电极内盐桥溶液中不能含有较大气泡？
3. 为什么制备工作电极时浆料不可太稠或太稀，且在泡沫镍上要涂抹均匀？
4. 如何减小碳材料的电阻，提高碳材料的超级电容器性能？

第二章

能源转换器件组装及性能测试实验

实验七 太阳能电池特性测试与性能评价

一、实验目的

1. 了解硅太阳能电池和钙钛矿太阳能电池组装结构、工作原理和关键性能参数；
2. 分别测量硅太阳能电池和钙钛矿太阳能电池在无光照时的伏安特性曲线，以及在光照时的输出特性，并求其短路电流、开路电压、最大输出功率及填充因子；
3. 测量太阳能电池的短路电流、开路电压与相对光强的关系，分析太阳能电池光伏性能。

二、实验原理

太阳能是人类取之不尽、用之不竭的清洁能源，对太阳能的充分利用是解决人类能源危机最具前景的途径之一。太阳能电池是通过半导体的光电效应直接把光能转化成电能的装置，目前太阳能电池除应用于人造卫星和宇宙飞船外，也应用于许多民用领域：如太阳能汽车、太阳能游艇、太阳能收音机、太阳能运算机、太阳能乡村电站等。

钙钛矿太阳能电池工作原理如图 1 所示，硅太阳能电池工作原理与其类似，但没有阴极修饰层和阳极修饰层。首先，太阳光照射在半导体材料（如钙钛矿、硅）表面，入射光中能量值大于半导体禁带宽度的光子便会被活性层吸收，这会使半导体材料中的价带电子受激跃迁到导带，从而形成自由载流子（空穴-电子对）。由于激子解离能很小，电子-空穴对在室温下便能自发分离并在内建电场作用下分别向阳离子界面层和阴离子界面层迁

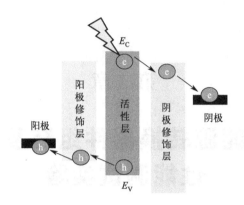

图 1 钙钛矿太阳能电池光电转换机理示意图

移。当电荷到达界面时，由于半导体活性层和传输层之间存在能级差，电荷便会在界面传输层被提取，并最终分别被电极收集，在外电路产生电流回路，完成光能向电能的转换。

如图 2 所示，太阳能电池的几个重要性能参数：①电流密度（J_{SC}）是指电池在光照情况下短路时的电流密度，是器件的最大电流密度，单位为 mA/cm^2。②开路电压（V_{OC}）是指电池在光照情况下断路时的电压，是器件的最大电压，单位为 V。③填充因子（FF）是指最大输出功率（P_{max}）与 V_{OC} 和 J_{SC} 乘积的比值，是反映电池对外输出能力的参数。④光电转换效率（PCE）是指电池将太阳能转换成电能的能力，是直接反映电池性能优劣的参数，P_{in} 表示太阳能电池的入射光功率。

其中
$$FF = \frac{P_{max}}{V_{OC} \times J_{SC}} \quad PCE = \frac{J_{SC} \times V_{OC} \times FF}{P_{in}} = \frac{P_{max}}{P_{in}}$$

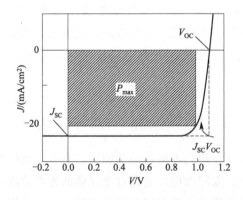

图 2 太阳能电池的电流密度-电压（J-V）图谱

另外，由于太阳能电池材料的半导体特性，可以成立一个等效模型来分析太阳能电池的工作特性。等效模型中包括一个理想电流源（光照产生光电流的电流源）、一个理想二极管所和一个并联电阻 R_{sh}，一个串联电阻 R_s，将这些元件与一个另外依靠太阳能电池带动的负载电阻 R_L 相连，就得到了等效模型回路。如图 3 所示。

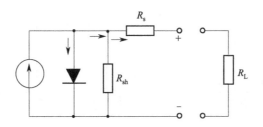

图 3　太阳能电池的理论模型等效电路

根据该等效模型,在没有光照时太阳能电池的特性可简单看作一个二极管,其正向偏压 V 与通过电流 J 的关系式为:

$$J = J_0(e^{\beta V} - 1)$$

在不同光照强度下,我们可以建立开路电压 V_{OC} 与短路电流 J_{SC} 之间的关系,关系式如下。其中,J_0 是二极管的反向饱和电流,β 为二极管理想系数,不会随光强发生改变。

$$V_{OC} = \frac{1}{\beta} \ln\left[\frac{J_{SC}}{J_0} + 1\right]$$

三、实验试剂与仪器

仪器设备:硅太阳能电池、钙钛矿太阳能电池、光源(25 W 白炽灯)、光具座(标尺长 80 cm)、太阳能电池特性测试仪(集 0～2 V 电压表、0～20 mA 电流表、0～5 V 稳压电源于一体,均持续可调)、数字式光功率计(量程为 0～20 mW 和 0～100 mW 两挡)、遮光盖、电阻箱(0～999 Ω)。

四、实验步骤

1. 无光照条件下,测量不同太阳能电池的 J-V 特性

在无光照条件下,太阳能电池相当于一个二极管,依照图 4 所示安排实验仪器,将太阳能电池与特性测试仪相连,盖上太阳能电池的遮光盖,保证其处于黑暗条件,依次改变电源电压,通过特性仪上的电流表和电压表得到实验数据,画出 J-V 曲线,求得不同太阳能电池的常数 β 和 J_0 值。

2. 在一定关照时,测量不同太阳能电池的输出特性

有光照时,太阳能电池可产生一定电流和电压,此时相当于一个电源。依照图 5 所示连接太阳能电池、特性测试仪和电阻箱,此时,打开遮光盖,维持必然距离 30 cm,用白炽灯照射,测量不同太阳能电池在不同负载电阻下,J 对 V 转变关系,画出 J-V 曲线图,并进行曲线拟合,根据前面原理介绍,求出在此光照条件下太阳能电池的短路电流 J_{sc}、开路电压 V_{OC}、最大输出功率 P_{max} 及填充因子 FF。

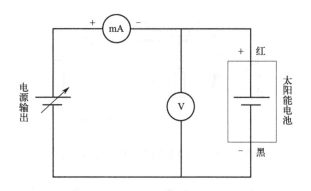

图 4 黑暗条件下太阳能电池 I-U 特性测试示意图

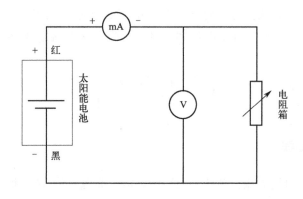

图 5 有光照时太阳能电池特性测试示意图

3. 测量不同光照强度对应的太阳能电池光电性质。

首先，将光功率计置于导轨上，测量不同位置白炽灯的光照强度，首先取位置最近（比如 10 cm）处功率最大的光照强度作为标准光照强度 P_0，改变太阳能电池到光源的距离，用光功率计测量光照强度 P。测量太阳能电池接收到相对光强度 P/P_0 不同值时，相应的 J_{SC} 和 V_{OC} 的值。根据测量结果，绘制 P/P_0 与 V_{OC} 及 P/P_0 与 J_{SC} 的关系曲线，求出两条曲线的近似函数关系。

五、实验数据记录与处理

1. 全暗的情形下测量太阳能电池的正向伏安特性参数记于表 1。

表 1 全暗情形下太阳能电池在外加偏压时伏安特性

V/V	0								
J/mA	0								

根据实验数据作图，并进行曲线拟合，对照无光照时的二极管模型，经数据拟合能够

取得出常数 β 和 J_0 值。

2. 一定光照时测量太阳能电池的输出特性

维持光源到太阳能电池 20 cm 距离，改变电阻箱电阻大小，测量太阳能电池在不同负载电阻下的 J、V 转变关系。实验数据记录表参考表 2。

表 2　太阳能电池输出特性数据

R/Ω	J/mA	V/V	P/mW	R/Ω	J/mA	V/V	P/mW
9999				199			
8999				99			
7999				89			
6999				79			
5999				69			
4999				59			
3999				49			
2999				39			
1999				29			
999				19			
899				9			
799				7			
699				5			
599				3			
499				2			
399				1			
299							

注：光源到太阳能电池距离为 20 cm。

由实验数据作图，得到太阳能电池的 J-V 曲线，拟合该曲线，与横纵坐标的交点即为开路电压 V_{OC} 和短路电流 J_{SC}。同时，做电阻与功率 P 的曲线，得到最大功率处对应的电阻，根据公式计算填充因子 FF。

3. 测量太阳能光伏性能与光强的关系。

绘制 P/P_0 与 V_{OC} 及 P/P_0 与 J_{SC} 的关系曲线，实验数据可参考如表 3 所示。

表 3　太阳能电池接收到不同相对光强度 P/P_0 值相应的 J_{SC} 和 V_{OC} 测量结果

J_{SC}/mA										
V_{OC}/V										
P/P_0										

据此绘制 P/P_0 与 V_{OC} 关系，进行线性数据拟合得到其关系式。类似的，按实验数据绘制 P/P_0 与 J_{SC} 关系，进行数据拟合得到近似函数关系。

考虑到杂散光、仪器本底和白炽灯光谱特性等问题的影响，能够取得的和相对光强的近似函数关系为：

$$J_{SC}=A\left(\frac{P}{P_0}\right), V_{OC}=\beta\ln\left(\frac{P}{P_0}\right)+C$$

4. 实验注意事项

(1) 注意实验室用电，防止触电。

(2) 尽量维持较暗的测试环境，以免受室内杂散光影响。

(3) 不同太阳能电池测试结果会不相同，这是由器件组装及材料区别所导致的，但并不影响太阳能电池光伏特性的规律探索。

六、分析与思考

1. 太阳能电池的核心工作原理是什么？
2. 表征太阳能电池性能的关键参数有哪些？
3. 影响太阳能电池光电转化效率的主要因素有哪些？
4. 影响太阳能电池稳定性的关键因素有哪些？
5. 如何显著提高太阳能电池的光电转化效率和综合应用性能。

实验八　　燃料电池的组装及性能测试

一、实验目的

1. 理解质子交换膜燃料电池的工作原理；
2. 掌握膜电极的制备与燃料电池的组装；
3. 测量燃料电池输出特性，绘制燃料电池的伏安特性（极化）曲线，计算燃料电池的最大输出功率及效率。

二、实验原理

1. 燃料电池的组装

燃料电池是一种通过电化学反应直接将化学能转变为低压直流电的装置，即通过燃料和氧化剂发生电化学反应产生直流电。燃料电池装置从本质上说是水电解的一个"逆"装置。在电解水过程中，外加电源将水电解，产生氢和氧；而在燃料电池中，则是氢和氧通过电化学反应生成水，并释放出电能。按燃料电池使用的电解质或燃料类型，可将燃料电池分为碱性燃料电池、质子交换膜燃料电池、直接甲醇燃料电池、磷酸电池、熔融碳酸盐燃料电池和固体氧化物燃料电池6种主要类型。质子交换膜（PEM，Proton Exchange Membrane）燃料电池在常温下工作，具有启动快速、结构紧凑的优点，最适宜做汽车或其它可移动设备的电源，近年来发展很快，其基本结构如图1所示。

目前广泛采用的全氟磺酸质子交换膜为固体聚合物薄膜，厚度 0.05~0.1 mm，氢离子（质子）可通过该膜从阳极到达阴极，而电子或气体不能通过。催化层是将纳米量级的铂粒子用化学或物理的方法附着在质子交换膜表面，厚度约 0.03 mm，对阳极氢的氧化和阴极氧的还原起催化作用。膜两边的阳极和阴极由石墨化的碳纸或碳布做成，厚度为 0.2~0.5 mm，导电性能良好，其上的微孔提供气体进入催化层的通道，又称为扩散层。商品燃料电池为了提供足够的输出电压和功率，需将若干单体电池串联或并联在一起，流场板一般由导电良好的石墨或金属板制作而成，与单体电池的阳极和阴极形成良好的电接触，称为双极板，其上加工有供气体流通的通道。为直观起见，教学用燃料电池采用透明亚克力板做流场板。

质子交换膜燃料电池的工作原理如下。

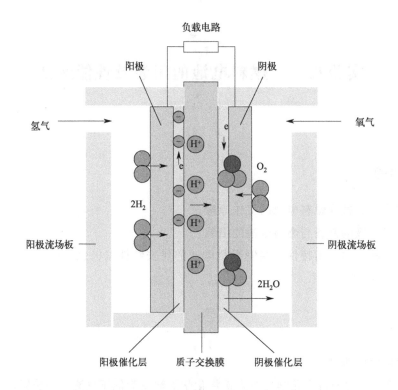

图 1　质子交换膜燃料电池结构示意图

进入阳极❶的氢气通过电极上的扩散层到达质子交换膜。氢分子在阳极催化剂的作用下解离为 2 个氢离子（即质子），并释放出 2 个电子，阳极反应为：

$$H_2 \Longrightarrow 2H^+ + 2e^- \qquad E^{\ominus} = 0.00 \text{ V} \tag{1}$$

氢离子以水合质子 H_3O^+ 的形式，在质子交换膜中从一个磺酸基转移到另一个磺酸基，最后到达阴极，实现质子传递，质子的这种转移导致阳极带负电。

在电池的另一端，氧气或空气通过阴极扩散层到达阴极催化层，在阴极催化层的作用下，氧与氢离子和电子反应生成水，阴极反应为：

$$O_2 + 4H^+ + 4e^- \Longrightarrow 2H_2O \qquad E^{\ominus} = 1.23 \text{ V} \tag{2}$$

阴极反应使阴极缺少电子而带正电，结果在阴、阳极间产生电压，在阴阳极间接通外电路，就可以向负载输出电能。总的化学反应如下：

$$2H_2 + O_2 \Longrightarrow 2H_2O \qquad E^{\ominus}_{cell} = 1.23 \text{ V} \tag{3}$$

2. 燃料电池输出特性的测量

在一定的温度与气体压力下，改变负载电阻的大小，测量燃料电池的输出电压与输出电流之间的关系，如图 2 所示，电化学家将其称为极化特性曲线，习惯用电压做纵坐标，

---

❶ 阴极与阳极：在电化学中，失去电子的反应叫氧化，得到电子的反应叫还原。发生氧化反应的电极是阳极，发生还原反应的电极是阴极。对电池而言，阴极是电池的正极，阳极是电池的负极。

电流或电流密度做横坐标。

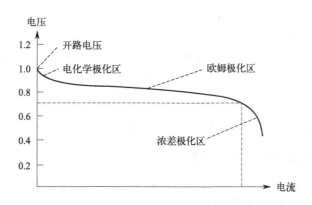

图 2　燃料电池的极化特性曲线

理论研究表明，如果燃料的所有能量都被转换成电能，则理想电动势为 1.48 V。实际工况下，燃料的能量不可能全部转换成电能，例如总有一部分能量转换成热能，少量的燃料分子或电子穿过质子交换膜形成内部短路电流等，故燃料电池的开路电压低于理想电动势。随着电流从零增大，输出电压有一段下降较快，主要是因为电极表面的反应速度有限，当有电流输出时，电极表面的带电状态改变，驱动电子输出阳极或输入阴极时，产生的部分电压会被损耗掉，这一段被称为电化学极化区。输出电压线性下降区内的电压降，主要是电子通过电极材料及各种连接部件时，离子通过电解质的阻力，这种电压降与电流成比例，所以被称为欧姆极化区。输出电流过大时，燃料供应不足，电极表面的反应物浓度下降，使输出电压迅速降低，而输出电流基本不再增加，这一段被称为浓差极化区。

考虑输出电压与理想电动势的差异，燃料电池的效率为：

$$\eta_{电池} = \frac{U_{输出}}{1.48} \times 100\% \tag{4}$$

某一输出电流时燃料电池的输出功率相当于图 2 中虚线围出的矩形区，在使用燃料电池时，应根据伏安特性曲线，选择适当的负载匹配，使效率与输出功率达到最大，此时的输出功率即为最大输出功率。

三、实验试剂与仪器

试剂：5%（质量分数）Nafion 溶液、40%（质量分数）Pt/C、5%双氧水、异丙醇、去离子水、0.5 mol·L^{-1} H$_2$SO$_4$、无水乙醇。

耗材：乳胶手套、碳纸、质子交换膜（Nafion-117）、脱脂棉。

仪器设备：质子交换膜电解池（1 套）、储气罐（2 个）、质子交换膜燃料电池夹具（1 套）、A115 实验室电源（1 台）、电子负载（IT8510，1 台）、数控超声清洗器、移液枪、真空吸附平台、热压机、分析天平。

四、实验步骤

1. 质子交换膜的活化

将已裁好的 Nafion-117 质子交换膜（2.5 cm×2.5 cm）浸没在 5%（质量分数）H_2O_2 水溶液中，于 80 ℃下活化 1 h。冷却至室温后，用去离子水洗去表面残留液体。随后将洗净的质子交换膜按顺序在去离子水、0.5 mol·L^{-1} H_2SO_4 溶液、去离子水中于 80 ℃下活化 1 h。最后，将活化完成的质子交换膜浸没在盛有去离子水的烧杯中备用。

2. 催化剂浆料及膜电极组件的制备

将 5.0 mg 40%（质量分数）Pt/C 催化剂、48 μL 5%（质量分数）Nafion 溶液、475 μL 去离子水、475 μL 异丙醇依次加入 2 mL 离心管中，用封口膜密封，超声分散均匀配制成 Pt 浓度为 2 mg·mL^{-1} 的催化剂浆料。将真空吸附平台加热到 80 ℃，打开真空泵，将已裁好的碳纸（2.0 cm×2.0 cm）（注意区分正反面）吸附在台面上，用移液管移取催化剂浆料涂覆在碳纸表面，使 Pt 的负载量为 0.3 mg·cm^{-2}，待表面液体挥发后取下冷却，即得到阴极碳纸；以类似的方法制备 Pt 负载量为 0.1 mg·cm^{-2} 的阳极碳纸。将阳极碳纸、质子交换膜、阴极碳纸按"三明治"结构堆叠后放入热压机中，在 120 ℃ 和 1 MPa 的条件下热压 2 min，冷却后即得到膜电极组件。

3. 燃料电池的组装

先用六角扳手松开螺帽，拆开燃料电池夹具。将前端板平放在台面上，再将前集流板、石墨极板和密封垫对准螺孔依次放置。分清膜电极的阴极、阳极，用镊子夹取制备好的膜电极放置于密封垫窗口，确保所有流道都被膜电极覆盖。然后将密封垫、后石墨极板、后集流板和后端板对准螺孔依次叠加放置。最后，穿入螺杆，依次旋紧螺帽，将组装好的燃料电池夹具安放在基板上。

4. 燃料电池输出特性的测定

将两气水塔左侧两个软接头用透明软管与电解池分别相连，再将气水塔下层顶部软接头用透明软管与燃料电池上部接头相连（前后注意，不可扭接）。用插头连接线将直流电源与电解池正负接线柱相连（注意千万不可接反，如接错，会损坏电解池），将燃料电池正负接线柱与小风扇的正负接线柱用插头连接线相连（注意一开始先关闭风扇开关）。

用注射器向两个气水塔中注水，先将电解池中注满水，随着气水塔中液面上升至液面接近气水塔下层顶端的出水孔下段，停止注水（不能让水进入燃料电池）。开启直流电源，调节电流源使电解池输入电流保持在 300 mA 左右。打开燃料电池与气水塔之间的氢气、氧气连接开关，等待约 10 min，让电池中的燃料浓度达到平衡值，期间可以打开小风扇开关，观察风扇扇叶是否转动。

将电子负载的电压测量端口接到燃料电池输出端。设置电子负载的电流为 0，电压稳定后记录开路电压值。通过改变负载电阻的大小，使输出电压值分别为 0.90 V、0.85 V、0.80 V、0.75 V、0.70 V 等，稳定后记录电压电流值。实验完毕，关闭燃料电池与气水塔之间的氢气和氧气连接开关，切断电解池输入电源。

5. 实验后耗材回收

将燃料电池与电解池、电子负载及基板分离,打开燃料电池,将膜电极统一回收。用脱脂棉蘸取无水乙醇清洗端板、石墨极板、集流板,并将这些部件按要求重新组装成夹具。

6. 实验注意事项

(1) 该实验系统必须使用去离子水或二次蒸馏水,容器必须清洁干净,否则将损坏系统。

(2) 电解池的最高工作电压为 6 V,最大输入电流为 1000 mA,否则将极大地伤害电解池。

(3) 电解池所连接的电源极性必须正确,否则将毁坏电解池并有起火燃烧的可能。

(4) 绝不允许将任何电源施加于燃料电池输出端,否则将损坏燃料电池。

(5) 气水塔中所加入的水面高度必须在上水位线与下水位线之间,以保证燃料电池正常工作。

(6) 该系统主体为有机玻璃制成,使用中需小心,以免打坏和损伤。

五、实验数据记录与处理

根据所测数据绘制出所测燃料电池的极化曲线,做出该电池输出功率随输出电压的变化曲线,求出燃料电池最大输出功率及其对应的效率。

序号	电压值/V	电流值/mA	功率/mW
1			
2			
3			
4			
5			
6			
7			
8			
9			
10			

六、分析与思考

1. 如何提高燃料电池的燃料利用率?

2. 燃料电池的输出特性曲线可分成哪几个部分?各个部分的特点是什么?为什么会有这些特点?

3. 本实验是氢/空气燃料电池,是否可以用甲醇或乙醇代替氢作燃料?如有可能,阳极的反应是什么?

4. 本实验的一体化燃料电池系统带动的是一个小风扇,如何设计一个可以带动更大功率电器的燃料电池系统?

实验九 电催化全解水三电极体系构建及电化学测试曲线分析

一、实验目的

1. 理解电催化全解水中的 HER 和 OER 的机理；
2. 使用商业化催化剂用于高效电催化 HER 和 OER 测试；
3. 学习并掌握电催化全解水中的 HER 和 OER 相应的数据分析；
4. 掌握电催化全解水实验的操作技术，以培养独立设计实验的能力。

二、实验原理

电催化作为一种绿色、高效的清洁能源被广泛研究。许多电化学反应在热力学上是很有利的，但其反应比较缓慢。为了使此类反应具有使用价值，需要寻找均相或复相的催化剂，以降低总反应的活化能垒，提高反应速率。

在没有催化剂存在时，许多电极反应总是在远离平衡态的高超电势下才可能发生，原因是不良的动力学特征，即电极反应交换电流密度较低。因此，电催化的目的是寻求提供其他具有较低能量的活化途径，使电极反应在平衡电势附近以高电流密度发生。

碱性条件下阳极析氢反应（HER）的二电子转移过程如下：

$$H_2O + e^- \longrightarrow OH^- + H_{吸附} \tag{1}$$

$$H_{吸附} + H_2O + e^- \longrightarrow OH^- + H_2 \tag{2}$$

$$或 \ 2H_{吸附} \longrightarrow H_2$$

酸性条件下阴极析氢反应（HER）的二电子转移过程如下：

$$H^+ + e^- + * \longrightarrow H_{吸附} \tag{1}$$

$$H_{吸附} + H^+ + e^- \longrightarrow H_2 \tag{2}$$

$$或 \ 2H_{吸附} \longrightarrow H_2$$

碱性条件下阳极析氢反应（OER）的四电子转移过程如下：

$$OH^- + * \longrightarrow OH_{吸附} + e^- \tag{1}$$

$$OH_{吸附} + OH^- \longrightarrow O_{吸附} + H_2O + e^- \tag{2}$$

$$O_{吸附} + OH^- \longrightarrow OOH_{吸附} + e^- \tag{3}$$

$$OOH_{吸附} + OH^- \longrightarrow O_2 + H_2O + e^- \tag{4}$$

总反应：

$$4OH^- \longrightarrow 2H_2O + O_2 + 4e^-$$

在电催化过程中，循环伏安法和稳态极化曲线的测定是研究电催化活性和稳定性最实用的方法，用以表征电催化性能。

循环伏安法常用来测量电极反应参数，判断电极反应的速度控制步骤和反应机理，并可用来观察整个电势扫描范围内可发生的反应及其性质。一般情况下起到活化材料表面的作用。

极化曲线由线性伏安法测得，当电极表面基本处于稳态，此时电流随电压的响应即为极化曲线。稳态的电流全部是由电极反应所产生的，它代表着电极反应进行的净速度。

三、实验试剂与仪器

试剂：催化剂（商业 Pt/C 或商业 RuO_2/IrO_2）、氧化铝粉末、氢氧化钾、去离子水、乙醇、萘酚。

耗材：乳胶手套、麂皮。

仪器设备：玻璃电解池、烧杯、参比电极（Hg/HgO）、工作电极（玻碳电极/碳布）、对电极（碳棒）。

四、实验步骤

1. 电解质溶液配制

配制 $1.0\ mol \cdot L^{-1}$ KOH 电解质溶液 500 mL。

2. 催化剂电极制备

当催化剂材料为粉末时，需要将 5 mg Pt/C 或 RuO_2/IrO_2 催化剂粉末分散在 300 μL 乙醇和 150 μL 去离子水混合溶液中，加入 50 μL 萘酚（Nafion，5%）溶解后混合超声处理，然后取一定的混合溶液分散在预处理的玻碳电极的圆盘上，干燥后待用。

3. 三电极体系构建

搭建三电极体系（如图1），以 Hg/HgO 作为参比电极（Reference Electrode，RE）、玻碳电极/碳布作为工作电极（Working Electrode，WE）、碳棒作为对电极（Counter Electrode，CE）。

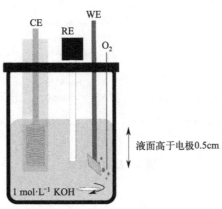

图 1　三电极体系

4. 循环伏安法（CV）和极化曲线（LSV）测试

循环伏安法（CV）和极化曲线（LSV）测试见图 2。

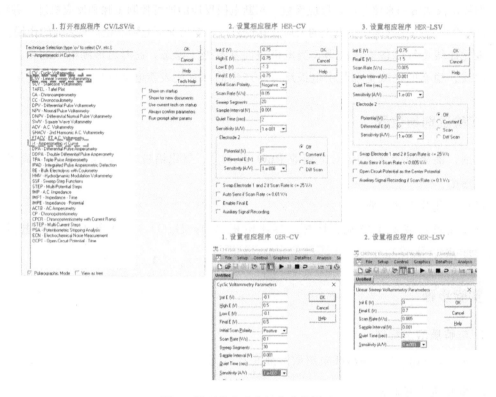

图 2　循环伏安法和极化曲线测试

5. 稳定性（$i\text{-}t$）测试

稳定性（$i\text{-}t$）测试见图 3。

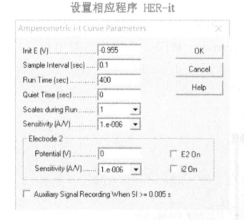 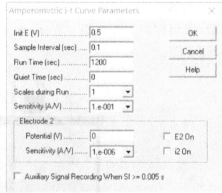

图 3　稳定性测试

6. 实验注意事项

（1）实验室安全电化学测试通常涉及使用电极、电解质和电源等设备，因此需要注意实验室安全。

（2）（实验前）不同的溶液对电化学测试结果有着重要影响。在选择溶液时，需要考虑其浓度、pH 值、离子强度等因素，并根据具体实验目的进行选择。

（3）（实验中）在进行实验时，需要记录下每次测量得到的数据，并保证数据准确性和可重复性。测试 LSV 的时候要开搅拌，目的主要是减小电极上气体气泡对测试的影响，同时降低扩散的影响。

（4）（实验后）关闭工作站的电源开关，将所用的碱性电解液倒入废液桶中，收拾实验桌面。

五、实验数据记录与处理

1. 测试得到原始数据举例。

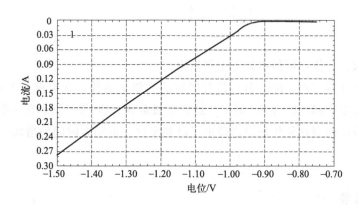

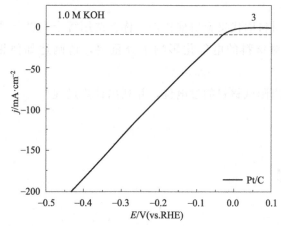

2. 导出得到文本格式的数据。
3. 根据公式将横纵坐标转化得到标准的谱图。

x 轴：$E_{可逆氢} = E_{实测} + 0.059 \times \text{pH} + E_{参比}$

$E_{\text{Hg/HgO}} = 0.095 \text{V}$ $\text{pH} = 14$ $E_{实测} = $ 实测 x。

y 轴：实测得到的 y 值为 A，转化为 mA

再除以电极的面积（cm^{-2}）。

```
实测x    -0.750, 2.715e-2
         -0.751, 2.699e-2
         -0.752, 2.674e-2
         -0.753, 2.647e-2    实测y
         -0.754, 2.622e-2
         -0.755, 2.595e-2
         -0.756, 2.569e-2
         -0.757, 2.546e-2
         -0.758, 2.521e-2
         -0.759, 2.496e-2
         -0.760, 2.473e-2
         -0.761, 2.449e-2
         -0.762, 2.425e-2
         -0.763, 2.403e-2
         -0.764, 2.380e-2
         -0.765, 2.357e-2
         -0.766, 2.336e-2
         -0.767, 2.313e-2
         -0.768, 2.292e-2
         -0.769, 2.273e-2
         -0.770, 2.252e-2
         -0.771, 2.231e-2
         -0.772, 2.212e-2
         -0.773, 2.193e-2
```

通过实验数据分析，可得出如下主要结论：

（1）贵金属元素（Pt、Ru、Ir）具有优异的电催化活性，在电催化 OER 和 HER 测试中表现低的过电位和小的 Tafel 斜率，通常非贵金属（Co 等）则表现一般。

（2）在短时间内商业催化剂也表现出了高稳定性，但随着时间的增加，会出现电流骤减的情况。

六、分析与思考

1. 用非贵金属基材料取代贵金属催化剂，你会选用哪个非贵金属，并说明理由？

2. 活性和稳定性对材料的电催化影响十分重要，请阐述如何提高催化剂活性和稳定性。

3. 请通过计算得出测试材料的过电位，并列出计算过程。

实验十　电催化硝酸盐合成氨电解池组装、性能测试及评价指标

一、实验目的

1. 了解发展电催化硝酸盐合成氨的技术对实现国家"双碳"目标的意义；
2. 掌握从线性扫描伏安曲线中获取过电位和塔菲尔斜率的方法；
3. 掌握氨定量分析的方法及评价催化剂催化合成氨性能的指标。

二、实验原理

1. 电化学合成氨的研究背景

氨作为全球年产量最高的商用化学品之一，被广泛地应用在军事、化工、农业等领域。此外，氨还可以作为一种不含碳元素的氢能载体，相对于氢气而言，具有更易液化（氨气液化：常压、239.9 K；氢气液化：10~15 MPa、50~70 K）、存储运输更为便利、安全性更高等优势。因此将氨作为一种新型能源进行推广对于实现"碳达峰、碳中和"的战略目标（简称"双碳"目标）具有重要的意义。因此，发展高效的合成氨技术是十分必要的。目前，工业化合成氨主要依赖高能耗、高污染的 Haber-Bosch 工艺（高温高压：$N_2 + 3H_2 \longrightarrow 2NH_3$），不符合当今社会对双碳目标的追求。与传统的 Haber-Bosch 工艺相比，电催化硝酸盐合成氨具有反应条件温和、电位可控、催化效率高、绿色环保以及受环境因素干扰小等优点，因此有望成为最有前途的替代 H-B 工艺的方案。另一方面，由于人类频繁使用含氮化肥以及生活污水和含氮工业废水的未达标排放及渗漏，土壤、地表水和地下水中的硝酸盐浓度上升，成为一项十分重要的环境问题。因此电催化硝酸盐合成氨的技术方案不仅可以得到具有高附加值的氨，还可以缓解硝酸盐对环境污染的危害。

在电催化硝酸盐合成氨的反应过程中，硝酸盐在阴极发生的电极反应如式(1)所示。该反应是一个复杂的 8 电子过程，因此在该过程中涉及多种含有不同价态氮元素（+5 → −3）的中间产物。

$$NO_3^- + 9H^+ + 8e^- \longrightarrow NH_3 + 3H_2O \tag{1}$$

电催化硝酸盐合成氨的反应机理可以分为氢还原和电子还原两类（如图 1 所示）。在氢还原过程中，吸附在阴极表面的 H_2O 首先还原成 H_{ads}。由于 H_{ads} 具有很强的还原性 $[E(H^+/H) = -2.31 \text{ V(vs. SHE)}]$，可以将硝酸根按图 1 左端所示的路径依次还原为 NO_{2ads}^-、NO_{ads}、N_{ads}、NH_{ads}、NH_{2ads} 并最终生成 NH_3。电子还原是以电子为还原剂将

硝酸盐经由亚硝酸盐、NO、NOH、NHOH、NH_2OH 等中间产物还原最终产物氨（如图 1 右所示）。

2. 电化学合成氨的实验装置

目前，实验室中电化学合成氨的实验装置主要采用如图 1 所示的 H 型电解池。

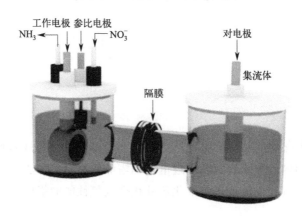

图 1　电化学合成氨的 H 型电解池

H 型电解池由两个被质子膜隔开的电极室组成（如图 1 所示）。阴阳极分属两个电极室，可以有效避免还原过程中的中间产物氮氧化物和最终产物氨的氧化。同时可以避免氨气和氧气的混合，提高了氨产率和安全性。另一方面，在三电极测试系统中，参比电极和工作电极放置在阴极一侧，实现了工作电极反应电位的精确控制。H 型电解池的另一个优点是可以在不同的电极室中使用不同的电解质，从而可以单独对阴极室的反应条件进行优化，可以有效防止阴极催化剂材料受到污染导致活性丧失，最大程度上消除了阳极对阴极反应的影响。基于以上优势，H 型电解池成为目前在电化学合成氨基础研究中被广泛使用的一种电解池，其缺点是构造成本高，且由于离子交换膜的存在影响了质子和 OH^- 的传输，在造成双室间 pH 梯度差的同时，增加了阴阳极之间的内阻，降低了回路的电流密度，从而一定程度上影响了产氨能力。

3. 电化学合成氨的性能评价指标

法拉第效率（FE）和 NH_3 产率（R）是衡量电化学合成氨性能的两个重要指标。法拉第效率可以定义为用于硝酸盐还原的电荷与通过电路的总电荷之比，这反映了 NH_3 合成的电化学过程的选择性。NH_3 产率指单位时间内单位负载质量催化剂（或单位电极表面积）的 NH_3 产量，反映了 NH_3 合成的反应速率。

法拉第效率（FE）可以通过公式（2）计算，其中 n 是产生一个 NH_3 分子所需的转移电子数，F 是法拉第常数（$F=96485\ \text{C}\cdot\text{mol}^{-1}$），$C$ 是测得的 NH_3 浓度，V 是电解液的体积，M 是 NH_3 的相对分子质量（$M=17$），Q 是通过电极的总电荷。

$$FE=\frac{nF\times C\times V}{M\times Q} \tag{2}$$

NH_3 产率（R）可使用式（3）计算，其中 C 是测量的 NH_3 浓度，V 是电解质的体积，t 是反应时间，S 是催化剂负载质量或电极的几何面积或电极的电化学活性表面积。

$$R = \frac{C \times V}{S \times t} \quad (3)$$

此外，线性扫描伏安曲线（LSV）所反映的过电位和塔菲尔斜率也可以反映电催化合成氨的性能优劣。LSV 是指对工作电极施加一个线性变化的扫描电势时所记录的 i-E 曲线（如图 2 所示）。

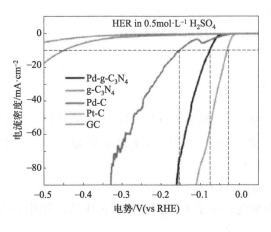

图 2　LSV 曲线

过电位（η）是指在电催化反应过程中，达到一定电流密度（通常选择 10 mA·cm^{-2}）时所需实际电压超过理论电压的部分。理论上来讲，过电位 η 越小，达到相对电流密度所需的实际电压越低，耗能相对越小，催化活性越高。

塔菲尔斜率是指以电位对电流密度的对数值作图时所得到的半对数曲线上的直线段的斜率（如图 3 所示）。塔菲尔斜率是揭示反应机理的重要参数，特别是在阐明速率决定步骤方面。塔菲尔斜率越小，说明电流密度增长越快，η 变化越小，表明决速步在多电子转移反应的末端，通常是一个好的电催化剂的标志。

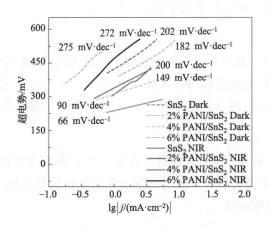

图 3　塔菲尔斜率曲线

Tafel 曲线图绘制：(1) 在某一扫速下获得 LSV 曲线，并计算过电势；(2) 将电流除以面积获得电流密度 j 并取对数；(3) 以 $\lg(j)$ 为 x 轴，过电位为 y 轴作图。

4. 催化剂的选择

由于电催化硝酸盐合成氨是一个复杂的 9 质子和 8 电子的耦合过程，在此过程中不可避免地产生如 NO_3^-、N_2 和 N_2H_4 等副产物。为了提高合成氨的产氨速率以及法拉第效率，设计具有高活性和选择性的电催化剂是必不可少的。

电催化剂的组成、元素价态、晶体结构等因素对电催化硝酸盐合成氨过程的动力学和产物的选择性有决定性的影响。为了寻找高效、高 NH_3 选择性的催化剂，研究人员从理论和实验方面进行了较为深入的探索。

三、实验试剂与仪器

试剂：氢氧化钾（KOH）、硝酸钾（KNO_3）、氢氧化钠（NaOH）、水杨酸、柠檬酸钠、亚硝基铁氰化钠（硝普纳）、100% 的次氯酸钠溶液（NaClO）、0.2% 的萘酚溶液（Nafion）、乙醇、去离子水。

耗材：乳胶手套、碳纸（CP）。

仪器设备：H 型电解池、电子天平、电化学工作站、紫外-可见分光光度计、鼓风干燥箱、数控超声清洗器。

四、实验步骤

1. 电解质及显色剂的制备

电解质：1 mol·L^{-1} KOH 溶液，0.1 mol·L^{-1} KNO_3 溶液。

NH_4^+ 显色剂的配制。显色剂 A：分别称取 5 g 水杨酸、5 g 柠檬酸钠、4 g 氢氧化钠放入 100 mL 烧杯中，用去离子水溶解后，转移至 100 mL 容量瓶中定容至 100 mL；显色剂 B：量取 3.5 mL 100% 次氯酸钠溶液于 100 mL 容量瓶中定容至 100 mL；显色剂 C：称取 0.1 g 硝普纳，加入 10 mL 去离子水。

2. 阴极的制备

将阴极催化材料加入到 2 mL 无水乙醇中，超声 10 min 得到分散均匀的电极材料。通过移液枪移取 200 μL 上述溶液均匀滴涂在面积为 (1×1) cm^2 的碳纸（CP）上，等干燥后，再滴涂 50 μL 0.2% 的 Nafion 溶液，在 60℃ 下干燥后得到最终的阴极。

3. 性能测试

分别以负载有催化材料和无催化材料的碳纸（CP）为工作电极 [(1×1) cm^2]，以银/氯化银（Ag/AgCl）和铂网 [(1×1) cm^2] 分别为参比电极和对电极，搭建三电极体系，在电化学工作站上进行性能测试。

(1) LSV 测试

电位区间：0.6～-1.8 V；扫描速率：10 mV·s^{-1}；

(2) i-t 测试

电位：-1.6 V；时间：3600 s；测试后阴极溶液待用。

本实验使用吲哚酚蓝显色反应法测定溶液中 NH_4^+ 的含量。随后，从阴极电解室中取出 2 mL 电解质溶液，依次加入 2 mL 显色剂 A、1 mL 显色剂 B 和 0.2 mL 显色剂 C，室温避光静置 30 min 后，测定该溶液的紫外-可见吸收光谱，在 655 nm 处的吸光度，根据标准曲线确定溶液中 NH_4^+ 的浓度。

五、实验数据记录与处理

	过电位	塔菲尔斜率	产氨速率	法拉第效率	备注
有催化材料					
无催化材料					

六、分析与思考

1. 对比有无催化材料的性能，并分析产生差异的原因。
2. 为什么过电位和塔菲尔斜率越低，催化剂的催化性能越好？

实验十一　电化学还原二氧化碳为甲酸的电解池组装及法拉第效率分析

一、实验目的

1. 掌握恒电流方法转化二氧化碳的基本原理和方法；
2. 掌握电化学工作站的使用方法；
3. 了解标准曲线法和内标定量分析方法。

二、实验原理

1. 恒电流方法电解

电化学还原 CO_2 反应电解池（图 1）主要包括阴极、阳极和两极之间的离子交换膜，阳极主要发生水分解析氧反应（OER，$2H_2O-2e^-\!=\!=\!O_2+2H^+$），阴极发生目标 CO_2 的还原反应产生甲酸（eCO_2RR，$CO_2+2e^-+2H_2O\!=\!=\!HCOOH+2OH^-$）和副反应析氢反应（HER，$2H_2O+2e^-\!=\!=\!H_2+2OH^-$），$CO_2$ 通过鼓入电解液的方式引入，一般通过恒电流（恒电位）方式进行电解。

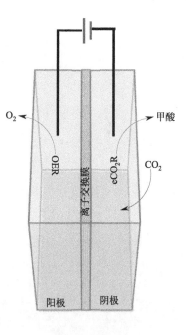

图 1　电化学还原 CO_2 反应电解池示意图

2. 法拉第效率（选择性）

电解过程中收集气体（氢气）、液体产物（甲酸），气体利用气相色谱定量分析，液体通过核磁定量分析，分析数据结果利用如下的公式计算法拉第效率（$FE\%$），

$$FE=\frac{Q_f}{Q_t}\times 100\%$$

式中，Q_f 为分电量，Q_t 为总电量。

$$Q_f=ZnF\text{（法拉第电解定律公式）}$$

式中，Z 为 eCO_2RR 的电子转移数；n 为电解产物物质的量；F 为法拉第常数，$96485\ \text{C}\cdot\text{mol}^{-1}$。

$$Q_t=it$$

式中，i 为电解施压电流；t 为电解时间。

3. 标准曲线法定量氢气

用氢气标气测出已知浓度氢气的气相色谱峰面积，得出峰面积和浓度之间的标准曲线和线性关系式，利用所得线性关系式定量分析出待测氢气的浓度，再根据法拉第电解定律求得氢气的法拉第效率。

4. 内标法定量液体甲酸

采用二甲亚砜[DMSO,$(CH_3)_2SO$]为内标分子，通过核磁氢谱测试甲酸含量。DMSO含有6个相同化学环境的氢原子，在^1H NMR谱图的化学位移2.6处有一个峰，甲酸在8.4位置有一个峰，两者氢比例为6，确定DMSO的浓度，可以定量分析出未知浓度甲酸含量。

三、实验试剂与仪器

试剂：氧化锡纳米颗粒、碳酸氢钾、高纯CO_2气体、Nafion溶液、DMSO、氘代水、异丙醇、蒸馏水。

耗材：乳胶手套、移液枪头。

仪器设备：碳纸基底电极、Pt柱电极、Ag/AgCl电极、电化学工作站、气相色谱仪、核磁共振仪、分析天平、电解池、质子交换膜、移液枪、离心管。

四、实验步骤

1. 催化剂浆液配制

将25 mg催化剂氧化锡纳米颗粒超声分散在3 mL异丙醇中，加入20 μL Nafion溶液。将混合液超声处理10 min分散均匀再进行滴涂。

2. 催化剂电极片制作

利用移液枪滴涂催化剂浆液于碳纸表面，用天平称取负载量（0.5 mg·cm^{-2}），自然晾干。

3. 0.5 mol·L^{-1} KHCO$_3$溶液配制

称取5 g KHCO$_3$，在烧杯中加蒸馏水溶解，转移至100 mL容量瓶，配制100 mL 0.5 mol·L^{-1} KHCO$_3$溶液。

4. 电极组装

以H型电解池、三电极体系：催化剂修饰电极片为工作电极、Ag/AgCl电极为参比电极、Pt柱电极为对电极；分别取10 mL 0.5 mol·L^{-1} KHCO$_3$电解液置于阴阳两极，阴极通入CO_2气体，流量计控制流量为10 sccm。

5. 电解测试

（1）扫描LSV，确定还原电流范围；

（2）设置2~3个电流密度分别电解10 min，在线采集HER产生的氢气，并收集液体电解液；

（3）移取电解好的液体样品 500 μL，加入预先配制好的核磁内标样品 100 μL，混合均匀，送核磁（500 MHz）测试氢谱。

五、实验数据记录与处理

（1）通过 origin 软件绘制 LSV、$E \sim t$ 曲线，求出总电量。

（2）处理核磁氢谱数据，得出分电量，并求出析氢和产甲酸的法拉第效率，并作出产物分布的 FE 柱状图。

六、分析与思考

（1）如何避免副反应析氢反应的发生？

（2）电解过程中甲酸的定量误差来源有哪些？该如何规避？

实验十二 光催化降解罗丹明 B 的反应速率常数和降解率测定

一、实验目的

1. 了解半导体光催化降解染料的基本原理。
2. 测定光催化降解罗丹明 B 的反应速率常数和降解率。
3. 了解紫外-可见分光光度计的构造、工作原理，并掌握其使用方法。

二、实验原理

光催化技术能有效地将烃类、染料、农药等有机污染物降解，最终转化为 CO_2 和 H_2O 等小分子，而污染物中含有的卤原子、硫原子、磷原子和氮原子等则分别转化为 X^-、SO_4^{2-}、PO_4^{3-}、NH_4^+、NO_3^- 等离子。光催化技术一般在常温常压下进行，可彻底消除有机污染物，具有无二次污染的特点。

常用的光催化剂有 TiO_2、ZnO、CdS、ZnS、$SrTiO_3$ 等，其中 TiO_2 具有价廉无毒、物理化学稳定性好、耐光腐蚀、催化活性好等优点，广泛应用于各种光催化反应。在光催化反应过程中，当半导体光催化剂被能量大于或等于其禁带宽度的光照射时，其价带上的电子（e^-）会被激发，并跃迁至其导带上，同时在价带上产生相应的空穴（h^+）。价带上的空穴具有强氧化性，可将水分子氧化成具有强氧化性的羟基自由基，也可直接将吸附在半导体表面的目标分子氧化为 CO_2、H_2O 等小分子。而导带上的电子具有还原性，可直接还原金属离子，也可以将氧气还原生成超氧自由基，进一步与质子反应可生产双氧水。这些具有氧化/还原性能的活性自由基可与吸附在半导体光催化剂表面的目标分子反应，最终实现氧化还原降解。

本实验选用 P25 作为光催化剂，进行染料罗丹明 B 的光催化降解。P25 是一种典型的 TiO_2 光催化剂，为 n 型半导体。当其受到具有足够能量的光辐照时，将产生电子-空穴对，并在水溶液中诱导生成多种活性自由基：

$$TiO_2 \longrightarrow e^- + h^+$$

$$OH^- + h^+ \longrightarrow \cdot OH$$

$$H_2O + h^+ \longrightarrow \cdot OH + H^+$$

$$O_2 + e^- + H^+ \longrightarrow \cdot O_2^- + H^+ \longrightarrow \cdot OOH$$

$$2HOO \cdot \longrightarrow O_2 + H_2O_2$$

$$H_2O_2 + \cdot O_2^- \longrightarrow \cdot OH + OH^- + O_2$$
$$\cdot O_2^- + 2H^+ \longrightarrow H_2O_2$$

其中，h^+、$\cdot OH$、$\cdot O_2^-$、H_2O_2 均为氧化性活性物种，能有效地将有机物完全矿化为 CO_2、H_2O 等小分子，光催化降解有机物染料分子反应属于自由基反应。

罗丹明 B 是印染行业中常用的一种阳离子碱性染料，具有氧杂蒽类结构，是一种常见的有机污染物，无挥发性，且具有相当高的抗光直接分解和氧化的能力。罗丹明 B 的分子式如图 1 所示。

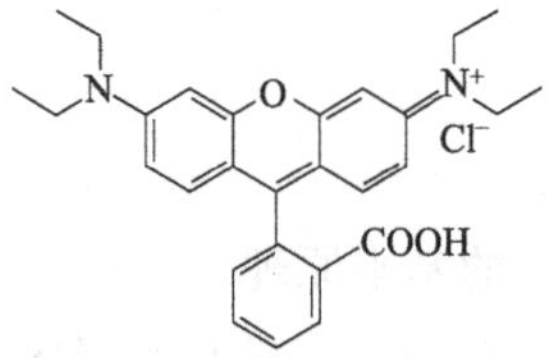

图 1 罗丹明 B 结构式

罗丹明 B 的浓度可采用分光光度法测定。罗丹明 B 对不同波长的光的吸收能力不同，根据吸光度与波长的关系，找出最大的吸收波长，再根据朗伯-比尔定律进行定量分析：

$$A = Kbc$$

式中，A 为某一波长下物质对光的吸收程度，即吸光度；K 为吸收系数；b 为比色皿厚度；c 为试样浓度。由上式可知，当比色皿厚度固定时，罗丹明 B 在一定浓度范围内，在固定波长处的吸光度 A 与它的浓度 c 成正比，由此可作出罗丹明 B 浓度与吸光度之间关系的标准曲线。

罗丹明 B 降解率 η 的计算：

$$\eta = (1 - C/C_0) \times 100\% = (1 - A/A_0) \times 100\%$$

式中，C_0 为染料溶液原始的质量浓度；A_0 为反应前溶液对应的吸光度；C 及 A 为 t 时间溶液所对应的质量浓度和吸光度。

三、实验试剂与仪器

试剂：罗丹明 B、二氧化钛粉末。

仪器设备：分析天平（1 台）、磁力搅拌器（1 台）、300 W 氙灯（1 台）、微滤膜（10 个）、注射器（10 mL 1 支）、烧杯（100 mL 1 个）、移液管（1 支）、容量瓶（50 mL 3 个，100 mL 1 个）、紫外-可见分光光度计（1 台）。

四、实验步骤

(1) 罗丹明 B 标准溶液的配制

分别配制质量浓度为 0.5 mg·L^{-1}、1 mg·L^{-1}、5 mg·L^{-1}、10 mg·L^{-1} 的罗丹明 B 溶液。

(2) 调整紫外-可见分光光度计零点

用蒸馏水作为参比液，进行零点调节。

(3) 标准溶液的吸光度测定

利用紫外-可见分光光度计测定不同浓度的罗丹明 B 溶液，并记录 554 nm 波长的吸光度值，作出标准曲线。设置光谱扫描参数，测光方式选为光吸收，波长范围选择 350~750 nm，扫描速度选为中速，采样间隔选择 1 nm，扫描方式选择单次扫描。

(4) 光催化降解罗丹明 B

用移液管移取 50 mL 质量浓度为 10 mg·L^{-1} 的罗丹明 B 溶液置于烧杯中，称取 50 mg P25 光催化剂加入其中，磁力搅拌使其成为悬浮液，并将其置于暗箱中 30 min，达到吸附/脱附动态平衡。在不断搅拌下，使用 300 W 氙灯进行照射，每隔 15 min 取 4 mL 反应液，利用微滤膜过滤后取上层清液，测定其吸光度。

五、实验数据记录与处理

1. 原始数据记录，记录温度及吸光度 A_0、A 等数据。

实验温度：____℃

$t/\min$	0	15	30	45	60	75	90
A							

2. 标准曲线的绘制。

3. 根据数据确定该催化反应级数，并计算罗丹明 B 降解反应的速率常数和降解率。

六、分析与思考

1. 罗丹明 B 光催化降解速率与哪些因素有关？

2. 罗丹明 B 溶液是否需要准确配制？为什么？

3. 该实验中采用紫外-可见分光光度法测定吸光度时，为什么要用蒸馏水作为参比溶液？一般选择参比溶液的原则是什么？

实验十三 二氧化钛光电催化分解水产氢的装置搭建及性能测试

一、实验目的

1. 了解光电效应和光电催化分解水的原理;
2. 探索二氧化钛在不同电解质溶液中的产氢效果;
3. 掌握二氧化钛光电催化分解水产氢的装置搭建及性能测试方法。

二、实验原理

1. 二氧化钛的简介

二氧化钛(titanium dioxide,化学式为 TiO_2)作为新一代的环境净化材料,无毒无害、价格低廉、有良好的化学稳定性和较高的催化活性,在光催化降解污染物、自清洁、光电分解水等领域有着广泛的应用前景。TiO_2 是一种 N 型半导体,其禁带宽度约为 3.2 eV,且具备同时产氢和产氧的能力。

二氧化钛通常存在三种晶体结构,分别为锐钛矿型、金红石型和板钛矿型。在自然条件下,金红石结构的 TiO_2 最稳定。在这三种晶体结构中,每个 Ti^{4+} 与 6 个 O^{2-} 配位,形成 $[TiO_6]$ 八面体。图 1 即为构成 TiO_2 晶体金红石相(a)、锐钛矿相(b)和板钛矿相(c)的八面体结构的示意图。

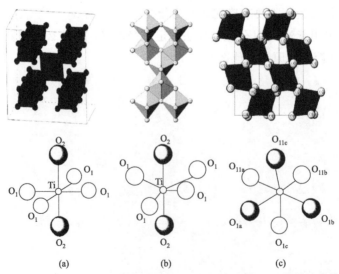

图 1 构成 TiO_2 晶体金红石相(a)、锐钛矿相(b)和板钛矿相(c)的晶胞结构和八面体结构

2. 二氧化钛光电催化分解水产氢的原理

二氧化钛属于一种光催化材料，在光照条件下能够促使水分子发生光解，产生氢气和氧气。通过加入外部电压，可以加速氢气的释放过程。实验利用光电催化原理，实现水的电解制氢。具体原理如图 2 所示。

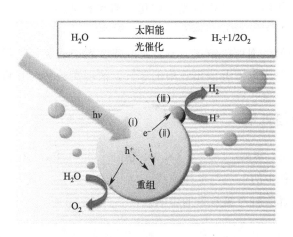

图 2　光电催化分解水的原理示意图

关键流程

① 光照吸收　光能被催化剂吸收。在光照下，催化剂（例如二氧化钛等）表面的电子被激发到更高能级。

② 激发载流子对的形成　光能激发了催化剂表面的电子，形成电子-空穴对（载流子对）。这些激发态的载流子对是催化分解水的关键。

③ 水的分解　激发态的载流子对能够参与水分子的催化分解。电子可还原水中的阳离子（通常是氢离子），生成氢气；空穴则氧化水分子，产生氧气。

④ 催化剂的再生　分解水产生氢气和氧气后，催化剂重新回到初始状态，可以继续催化。

因此，通过光电效应和电解反应的协同作用，可以实现二氧化钛光电催化分解水产氢。

三、实验试剂与仪器

试剂：二氧化钛（TiO_2）粉末、氢氧化钠溶液、盐酸溶液、硫酸钠溶液、去离子水。

耗材：导电玻璃（ITO）、乳胶手套、移液枪头。

仪器设备：电解槽、300 W 氙灯、电化学工作站（CHI760E）、旋涂机、移液枪、铂电极、参比电极、玻璃烧杯、容量瓶、温度计、镊子。

四、实验步骤

1. 将二氧化钛滴涂在导电玻璃上作为工作电极。

2. 在电解槽中插入三电极，分别为工作电极（WE）、参比电极（饱和甘汞电极）和对电极（铂片），保持一定的距离。分别选用 0.1 mol·L^{-1} Na$_2$SO$_4$、0.5 mol·L^{-1} H$_2$SO$_4$、1 mol·L^{-1} KOH 溶液为电解质溶液。

3. 将 300 W 氙灯光源照射至光工作电极上面，确保电极获得足够的光照。

4. 打开电化学工作站，开始进行光电催化分解水实验。

5. 使用 i-t 或 LSV 技术测试，并记录曲线。

6. 观察电解槽中的气泡产生情况，并注意收集装置中的氢气产量。

7. 实验结束后，关闭电源并取出收集的氢气。清理实验台，并将实验材料归位。

五、实验数据记录与处理

（1）原始数据记录：室温_____℃，大气压_____Pa，光照强度_____。

（2）记录实验过程中的电流与电压曲线。

（3）分析不同电解质对产氢效果的影响。

六、注意事项

1. 在处理二氧化钛粉末时要小心，避免吸入或接触眼睛、口鼻等部位。

2. 在进行实验前，请确保电解槽、铂电极和导线都处于良好工作状态。

3. 在实验过程中，如果产生了可燃性气体，请避免使用明火。

4. 实验结束后，清理仪器设备并打扫整理实验室。

七、分析与思考

1. 二氧化钛的晶型对其光电催化分解水性能有何影响？

2. 如何改善二氧化钛的光电催化性能？

3. 光照条件对产氢效率有何影响？

第三章

能源材料合成实验

实验十四 水热法合成钴酸锂正极前驱物碳酸钴

一、实验目的

1. 了解水热合成法的基本原理;
2. 掌握水热合成法的操作步骤和注意事项;
3. 掌握利用水热合成法制备钴酸锂正极前驱物块状和哑铃状碳酸钴的实验操作。

二、实验原理

1. 水热合成法的基本原理和主要特点

水热法是在高温、高压条件下,在水溶液或蒸气等流体中进行化学反应,通过溶解-重结晶的机理合成各种材料的化学方法。详细而言,是指在特制的密闭反应容器(高压反应釜)里,采用水溶液作为反应介质,通过加热反应容器,创造一个高温(130~250℃)、高压(0.3~4 MPa)的反应环境,使得通常难溶或不溶的物质溶解并重结晶,获得粒度均匀、结晶性良好的粉体材料。水热法被广泛地用于材料制备、化学反应和材料处理等。如果将水热法使用的水溶剂换成高沸点有机溶剂,进行高温高压反应,则称为溶剂热法,进一步拓宽可制备材料的种类。

水热法最初是由法国学者道布勒、谢纳尔蒙等人开始研究的,主要目的是模拟地壳中的水在温度和压力联合作用下的自然过程,为水热合成法的发展和应用奠定了基础。到20世纪初,水热法进入了工业合成应用阶段,期间水热装置得到了不断的更新改造,促进了水热条件下合成矿物科学的发展。20世纪60年代,水热合成法开始用于合成功能陶瓷材料用的各种结晶粉末。近几十年,用水热法合成无机材料,制备各种超细结晶粉末的研究与应用引起了广泛的关注。当今，水热合成法已成为制造高性能、高可靠性功能粉体材料的一种常用方法，合成的材料在诸多领域具有广阔的应用前景。

水热合成法的主要特点包括以下几种：

（1）反应过程中，水在高温高压下变成亚临界或超临界状态，具有较大的解聚能力，使得化学反应加快，能够制备出多组分的超微结晶粉体材料。

（2）反应物在水热介质中溶解为离子、离子团、分子或分子团形式，在高温高压条件下，这些离子、离子团、分子或分子团被输运到晶种表面形成过饱和溶液，进而结晶析出在晶种表面，引发晶体生长。

（3）反应物离子按照添加的化学计量比反应，晶粒按其自身结晶习性生长，在结晶过程中，能够将晶体中的杂质自发排挤到溶液中，生成纯度较高的结晶颗粒。

（4）水热法制得的粉体具有晶粒发育完整、粒度小、分布均匀、颗粒团聚较轻等优点，无需高温煅烧处理，避免了高温处理过程中可能造成的晶粒长大、缺陷形成和杂质引入。

（5）水热反应的均相成核或非均相成核机理与物质固相反应的扩散机制不同，因而可以创造出其它合成方法无法制备的新化合物和新材料。

2. 水热反应釜结构及使用注意事项

水热反应釜包括两个组成部分：内衬（也称内胆，图1）和不锈钢套（图2）。

水热反应釜内衬应具有抗腐蚀性好、无杂质溢出、升温升压后保持组成稳定等性能，以满足水热反应的需求。目前，最广泛应用的水热反应釜内衬有聚四氟乙烯 PTFE 内衬[图1(a)，白色]和对位聚苯 PPL 内衬[图1(b)，深棕色]。其中，聚四氟乙烯 PTFE 内衬的最高使用温度一般低于180℃，而对位聚苯 PPL 内衬的最高使用温度一般低于250℃。

使用内衬时需注意如下几点：①一套内衬与盖子必须尺寸匹配，密封性好；②使用过程中，内衬与盖子会发生不同程度的形变，因而即使是相同容积的内衬也不能混用，防止因密封性不好而漏液；③使用时间长的反应釜内衬，如果形变明显或颜色发生明显变化，应及时废弃，购置新内衬。

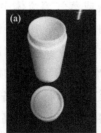

聚四氟乙烯PTFE内衬　　对位聚苯PPL内衬
反应温度一般低于180℃　反应温度一般低于250℃

图1　常用水热反应釜内衬：(a) 聚四氟乙烯 PTFE 内衬；(b) 对位聚苯 PPL 内衬

不锈钢套（图2）是水热反应釜的另外一个重要组成部分，主要用于承受反应釜内衬在高温下产生的高压，保持反应釜内衬的结构稳定。不锈钢套主要包括釜体、釜盖、上垫片、下垫片、旋杆。

图 2　常用水热反应釜不锈钢套

使用不锈钢套时需注意如下几点：①上垫片和下垫片的直径必须与反应釜内衬、釜体直径保持一致，严丝合缝，防止内衬于高温高压下在缝隙处膨胀变形引发内衬破损而产生漏液和爆炸危险；②反应结束后清洗不锈钢套，防止残留化学品腐蚀不锈钢套。

3. 水热合成法的主要实验操作流程及注意事项

水热合成法的主要实验操作流程如下：

(1) 在反应釜内衬中，将反应物利用搅拌或超声处理溶解在水或特定溶剂中；

(2) 将反应釜内衬封装在不锈钢套中，旋紧釜盖，在烘箱中特定温度下反应特定时间；

(3) 反应结束，将反应釜冷却至室温；

(4) 打开不锈钢套，取出反应釜内衬，利用离心处理将反应产物从反应溶液中分离出来，洗涤干燥后获得粉体产物。

(5) 清洗反应釜内衬和不锈钢套。

水热合成法的主要实验操作注意事项如下：

(1) 选择高沸点溶剂，尽量不要选择低沸点溶剂（乙醇、乙醚等）；

(2) 反应溶液体积一般小于反应釜内衬容积的 3/4；

(3) 严禁做生成大量气体的反应；

(4) 严禁做高放热反应；

(5) 反应釜冷却过程中需在旁边标注"高温提醒"；

(6) 必须等反应釜充分冷却至室温后才能打开反应釜。

4. 钴酸锂正极前驱物碳酸钴简介

碳酸钴是一种无机化合物，化学式为 $CoCO_3$，分子量为 118.9 g·mol^{-1}，密度为 4.13 g·cm^{-3}，为粉红色结晶性粉末，几乎不溶于水、醇、乙醚、甲酯和氨水等溶剂。碳酸钴主要用作选矿剂、催化剂、伪装涂料的颜料、饲料、微量肥料，及生产陶瓷、氧化钴和钴酸锂的原料。

本实验中的实验合成方法参考文献 *Journal of Power Sources*，2015，284，154。利用乙酸钴与碳酸铵的水热反应（160℃，15 h），在不添加和添加形貌调控剂抗坏血酸的条件下，分别合成了块状碳酸钴[图 3(a)]和哑铃状碳酸钴[图 3(b)]，通过 X 射线粉末衍射

[图 3(c)]证实两者均为纯相（标准卡片 JCPDS no. 11-0692）。

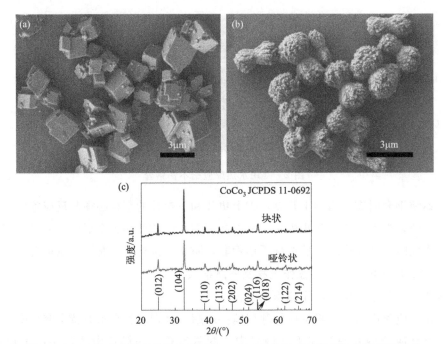

图 3 (a) 水热反应制备的块状碳酸钴、(b) 水热反应制备的哑铃状碳酸钴的扫描电镜照片和（c）X 射线粉末衍射谱

三、实验试剂与仪器

试剂：四水合乙酸钴、碳酸铵、抗坏血酸、去离子水、乙醇。

耗材：乳胶手套、塑料滴管、称量纸、离心管。

仪器设备：电子天平（1 台）、烘箱（1 台）、水浴锅（2 台）、水热反应釜（100mL，2 个）、烧杯（100mL，2 个）、超声分散仪（1 台）、离心机（1 台）。

四、实验步骤

1. 水热法合成块状碳酸钴

（1）用电子天平称量四水合乙酸钴（2 mmol，0.4982 g），从称量纸上小心转移到 100 mL 反应釜内衬中，在反应釜内衬中加入 60mL 水和磁子，在 30℃ 水浴锅中搅拌溶解；

（2）用电子天平称量碳酸铵（10 mmol，1.571 g），转移到 100 mL 烧杯中，超声溶解于 20 mL 去离子水；

（3）在磁子快速搅拌和 30℃ 水浴条件下，将碳酸铵溶液用塑料滴管逐滴滴加到乙酸钴溶液中，滴加完毕后继续搅拌 10 min；

（4）停止搅拌并取出反应釜内衬中的磁子，盖好反应釜内衬盖子并紧密封装在反应釜不锈钢套中；

(5) 提前设置烘箱温度为 160℃，将反应釜放置在烘箱内，反应 15h 后，取出反应釜冷却至室温；

(6) 打开反应釜内衬，倒去上清液，将粉红色产物转移到离心管中，用水离心洗三次，再用乙醇洗三次。最后一次用乙醇洗后倒去上清液将离心管置于 80℃烘箱中，充分干燥后获得块状碳酸钴粉体，收集起来备用。

2. 水热法合成哑铃状碳酸钴

在块状碳酸钴合成步骤 1（1）的装有四水合乙酸钴反应釜中加入抗坏血酸（2 mmol，0.3534g），其它操作与合成步骤 1 完全相同，即可制备得哑铃状碳酸钴粉体。

五、实验数据记录与处理

记录反应物、产物的质量，反应起始和终止时间。
计算产率（产率＝实际产物质量/理论产物质量）。

实验记录	四水合乙酸钴/g	碳酸铵/g	抗坏血酸/g	水热反应起始—终止时间	产物质量/g	产率/%
合成块状碳酸钴			—			
合成哑铃状碳酸钴						

六、分析与思考

1. 本实验使用 30℃水浴配制反应溶液，如果实验条件改为室温，对实验有没有影响？为什么？

2. 本实验中碳酸铵是严重过量的，为什么不使用相同摩尔比的钴离子与碳酸根进行水热反应？

3. 试分析抗坏血酸在调控生成哑铃状碳酸钴形貌中的作用机理。

实验十五　高温固相反应制备钴酸锂正极

一、实验目的

1. 了解高温固相反应合成法的基本原理；
2. 掌握高温固相反应合成法的实验仪器、操作步骤和注意事项；
3. 掌握利用管式炉引发碳酸钴与碳酸锂发生高温固相反应制备钴酸锂正极的实验操作。

二、实验原理

1. 高温固相反应合成法的基本原理和主要特点

高温固相反应是指在高温条件下，固态物质之间发生化学反应的过程，也被称为高温热固反应。详细而言，先使反应物混合均匀，生成一种前驱物或非晶态产物，然后经过高温（一般为600~1500 ℃）煅烧，使固体界面间经过接触、反应、成核和晶体生长，制备产物。高温固相反应在材料科学、化学工程和能源等领域都有广泛的应用。

高温固相反应的主要操作流程通常包括配料、成型、加热固相反应、分离、后续处理。高温固相反应的前驱物通常选择方便易得、热分解产物为非反应性气体产物的物质，例如氧化物、硝酸盐、醋酸盐、草酸盐、碳酸盐等。反应原料尽可能选择粒度细、比表面积大、表面活性高的物质。在反应前，反应物尽量研磨均匀，以改善反应物的接触状况，使反应物充分接触。可以加入易挥发有机溶剂分散固体反应物，以混合均匀，从而增大反应物接触面积。高温固相反应的反应通常很慢，因此需要一定的时间才能完成反应。

对固相反应来说，参加反应各组分的原子和离子受到晶体内聚力的限制，不能像在液相或气相反应中那样自由地迁移运动，粉体细度、均匀程度和煅烧温度等对固相反应的进行极为重要。高温固相反应只限于制备热力学稳定的化合物，而低热条件稳定的介稳态化合物或动力学稳定的化合物不适于采用高温反应合成。

高温固相反应可以用于合成各类复合氧化物、含氧酸盐、金属合金、光电子材料、半导体材料、二元或多元金属陶瓷化合物材料等。其中，陶瓷材料广义上指所有有机与金属材料之外的无机非金属材料，狭义上主要指多晶的无机非金属材料即高温处理所合成的无机非金属材料。高温固相反应制备的陶瓷材料通常是多相多晶材料，陶瓷结构中同时存在晶体相、玻璃相、气相，其中各组成相的结构、数量、形态、大小及分布等情况决定了陶瓷材料的性能。

获得高温的方法见表1，其中最常用的高温装置为电阻炉，煅烧温度可高达1000~

3000 ℃，根据结构可分为箱式电阻炉和管式电阻炉。电阻炉的发热体有石墨发热体、金属发热体和氧化物发热体等。石墨发热体一般在真空条件或惰性气氛条件下使用，不宜在氧化还原气氛下使用。金属发热体有钽、钨、钼等（表2），一般在高真空、还原气氛或惰性气氛下使用，而且一般为高度纯化的金属。氧化物发热体在氧化气氛下使用最理想。电阻炉设备简单、使用方便、控温精确，应用不同种类电阻发热材料可以达到不同高温限度。

表 1　获得高温的方法及产生的温度范围

获得高温的方法	温度/K
各种高温电阻炉	1273～3273
聚焦炉	4000～6000
闪光放电	>4273
等离子体电弧	20000
激光	10^5～10^6
原子核的分离和聚变	10^6～10^9
高温粒子	10^{10}～10^{14}

表 2　常见电阻发热材料及其最高工作温度

发热体	镍铬丝	硅碳棒	铂丝	铂90%铑10%合金丝	钼丝	钽丝	石墨棒	钨管	碳管	二氧化锆
最高工作温度/℃	1060	1400	1400	1540	1650	2000	2500	3000	2500	2400

根据高温热化学加工方式，高温固相反应可以分为：焙烧、煅烧、烧结、熔融等。焙烧是将原料与空气、氢气、甲烷、CO等气体，加热至炉料熔点以下引发其自燃，进行化学处理的过程。煅烧通常是指将原料在熔点以下处理，使其分解出二氧化碳和水分的过程。焙烧和煅烧大都在气固两相过程中实现。烧结是将原料与烧结剂混合加热，在高温下原料与烧结剂发生化学反应的过程。烧结过程中，温度一般接近或超过炉料的熔点，使反应物呈现熔融态或半熔融态以加速反应。熔融在比烧结更高的温度下进行，加热温度远高于炉料熔点，使炉料全部成为熔融体，反应物在熔融状态的熔体中进行反应。

检测高温装置的测温仪表可以分为接触式和非接触式。其中接触式测温仪表可细分为：膨胀式温度计（液体膨胀式温度计、固体膨胀式温度计）、压力表式温度计（充液体型、充气体型、充蒸气型）、热电阻温度计（铂热电阻、铜热电阻、特殊热电阻、半导体热敏电阻）、热电偶（铂铑-铂热电偶、镍铬-镍硅/镍铝/镍铜热电偶、特殊热电偶）。非接触式测温仪表包含光学高温计（亮度高温计）、辐射高温计、比色高温计。

2. 钴酸锂正极简介

钴酸锂，化学式为 $LiCoO_2$，呈灰黑色粉末，是锂离子电池中一种较好的正极材料，主要用于制造手机和笔记本电脑及其它便携式电子设备的锂离子电池正极材料。自从索尼推出第一款商业钴酸锂正极锂离子电池以来，钴酸锂材料长期以来占据锂离子电池正极材料的霸主地位。钴酸锂正极具有工作电压高（标称电压约为 3.7 V，工作电压 2.4～4.2 V）、放电平稳、比容量高（理论容量为 274 mA·h·g^{-1}，实际使用容量约为 140 mA·h·g^{-1}）、循环性能好等优点，但钴成本高，阻碍其应用在大型储能设备中。

钴酸锂具有三种物相，即层状结构、尖晶石结构和岩盐相。层状 LiCoO$_2$（图 1）为六方晶系 α-NaFeO$_2$ 构造类型，空间群为 R-3m，Co 原子与最近的 O 原子以共价键的形式形成 CoO$_6$ 八面体，其中二维 Co-O 层是 CoO$_6$ 八面体之间以共用侧棱的方式排列而成，Li 与最近的 O 原子以离子键结合成 LiO$_6$ 八面体，Li 离子与 Co 离子交替排布在氧负离子构成的骨架中。充放电过程中 CoO$_2$ 层之间伴随着 Li 离子的脱出和嵌入，钴酸锂仍能保持原来的层状结构稳定而不发生坍塌，是层状钴酸锂具有较高循环稳定性的关键。尖晶石结构的 LiCoO$_2$ 氧原子为理想立方密堆积排列，锂层中含有 25% 钴原子，钴层中含有 25% 锂原子。岩盐相晶格中 Li$^+$ 和 Co^{3+} 随机排列，无法清晰辨出锂层和钴层。

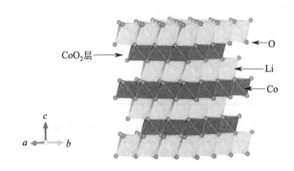

图 1　层状结构钴酸锂的晶体结构示意图

3. 钴酸锂正极的合成方法

合成钴酸锂的常用方法有溶胶-凝胶法、低温共沉淀法及高温固相法等。表 3 为钴酸锂各种合成方法的优缺点对比。

表 3　钴酸锂各种合成方法的优缺点

合成方法	优点	缺点
溶胶-凝胶法	原料成分混合均匀,反应温度低,反应时间短,产物粒度均匀性好,合成微纳材料有优势	操作繁琐,有机物处理困难,大面积生产难以精确控制,难以生产大粒径颗粒
低温共沉淀法	合成温度较低,工艺简单,产量大	废水处理增加生产成本,操作繁琐,原料利用率低
高温固相法	原料利用率高,配比易控制,易于工业化生产,易于生成球状、类球状等大粒径颗粒	烧结温度高,时间长,能耗大

高温固相合成法是目前合成钴酸锂正极的主流工艺，是将锂源、前驱体钴源、添加剂按照一定的化学计量比进行混合，混料均匀后在一定的温度（700～1000 ℃）和含氧气氛下进行烧结，然后进行粉碎处理及再次烧结之后获得目标产物。

目前对钴酸锂正极的性能提升策略主要包括：晶胞结构调控、颗粒形貌调控、表面包覆。

（1）晶胞结构调控，主要通过掺杂或共掺杂而实现晶胞结构优化，基于调控能级结构/离子传输通道等作用，提升材料电子/离子传导率或者晶体结构稳定性，从而提升电池倍率性能和循环寿命等；

（2）颗粒形貌调控，通过控制合成条件改变晶体的优势生长方向、晶粒大小、晶粒组装方式，实现对材料电化学活性/惰性界面面积比、嵌脱锂应力缓冲、锂离子扩散路径等的优化，从而提升电池的倍率性能、循环稳定性和能量密度等；

（3）表面包覆，指在颗粒表面包覆改性材料，提升材料表界面化学稳定性和结构稳定性，提升材料的库仑效率、全温域存储性能及电池安全性等。

三、实验试剂与仪器

试剂：碳酸锂、碳酸钴、乙醇。

耗材：乳胶手套、称量纸。

仪器设备：管式炉（1台）、电子天平（1台）、烘箱（1台）、刚玉坩埚（2个）。

四、实验步骤

1. 配制煅烧原料

（1）用电子天平称量实验十四制备的块状和哑铃状碳酸钴的质量，基于碳酸钴的分子量 118.9 g/mol，计算碳酸钴的物质的量 a（mmol），转移到玛瑙研钵中；

（2）用电子天平称量碳酸锂（$0.55a$ mmol），添加到玛瑙研钵中；

（3）在玛瑙研钵中，滴加 1 mL 乙醇，研磨 20 min，使碳酸钴和碳酸锂充分混合；

（4）将碳酸钴和碳酸锂混合物转移到坩埚中，放置在 80 ℃ 烘箱中干燥 30 min。

2. 高温固相反应制备钴酸锂

（1）用铁丝将盛有干燥碳酸钴和碳酸锂混合物的坩埚缓慢推进管式炉中心位置；

（2）打开管式炉电源，设置升温速率为 10 ℃ · min^{-1}，空气中 700 ℃ 下保持 5 h，自然冷却降温；

（3）用铁丝将坩埚从管式炉中勾出，将产物收集在样品管中，密封保存。

3. 管式炉煅烧程序设定

（1）打开空气开关→打开电源开关→仪表盘上 Main Power 旋钮旋到 On →显示屏亮、数字闪动。

（2）按 "◀A-M" 开始设置煅烧程序。

① 屏幕上方显示 "SP 1"（第一步）"设备初始温度" "50 ℃"（默认，不动）。

② 按键 "↻" 切换至 "t-1"（升温时间 t_1）。

下方为煅烧从初始温度升到设定的煅烧温度 T_1（℃）需要的时间（单位为 min）

【例如以 ΔT ℃/min 升温速率升温，$t_1=(T_1-50)/\Delta T$】。

按 "▼▲" 键 "升、降" 数值，按 "◀" 键 "调整改动数字位置"，设定 t_1 值。

③ 按键 "↻" 切换至 "SP 2"（第二步）（设定 "煅烧起始温度 T_1"）。

下方为设定的煅烧温度 T_1（℃），按 "◀▼▲" 键设定 T_1。

④ 按第一个按键"↻"切换至"t-2"（煅烧时长 t_2），设定煅烧时长 t_2（min）。
⑤ 按第一个按键"↻"切换至"SP 3"（第三步）（设定"煅烧截止温度 T_2"）。
【通常是恒定温度煅烧一定时间，$T_1=T_2$】。
⑥ 按第一个按键"↻"切换至"t-3"（停止煅烧）（显示"−121.0"停止命令）。
⑦ 等待"10 s"或同时按"↻◀"，回到"初始界面"【按上述流程检查程序设置无误】
→长按"▼Run"（开始煅烧），并按"绿色按键"，开始升温。

（3）煅烧结束，设备降温到室温后，仪表盘上 Main Power 旋钮旋到 Off、关闭电源开关和空气开关。

五、实验数据记录与处理

记录反应物、产物的质量，反应起始和终止时间。
计算产率(产率＝实际产物质量/理论产物质量)。

实验记录	碳酸钴/g	碳酸锂/g	高温固相反应起始-终止时间	产物质量/g	产率/%
合成块状钴酸锂			—		
合成哑铃状钴酸锂			—		

六、分析与思考

1. 在配制碳酸钴和碳酸锂混合煅烧前驱物时，使用乙醇研磨的作用是什么？
2. 本实验中碳酸锂是过量的，为什么不使用相同摩尔比的钴离子与锂离子进行高温固相反应？

实验十六 溶胶-凝胶法制备纳米尺度钴酸锂正极材料

一、实验目的

1. 了解溶胶-凝胶合成法的基本原理；
2. 掌握溶胶-凝胶合成法的操作步骤；
3. 掌握利用溶胶-凝胶合成法制备纳米尺度钴酸锂正极材料的实验方法。

二、实验原理

1. 溶胶-凝胶合成法的基本原理

溶胶-凝胶法（sol-gel method）是指将金属醇盐或无机盐经水解直接形成溶胶或经解凝形成溶胶，然后是溶胶聚合凝胶化，再将凝胶干燥、焙烧去除有机成分，获得无机材料的合成方法。胶体是一种分散相粒径很小的分散体系，分散相离子的重力可以忽略，分散相离子之间的相互作用主要是短程作用力（例如，范德华力、库仑力、空间阻力等）。在溶胶-凝胶反应体系中，金属化合物经溶液、溶胶、凝胶而固化，再经低温热处理而生成纳米粒子，具有反应物种多、产物颗粒均一、过程易控制等诸多优点，在制备玻璃、陶瓷、薄膜、纤维、复合材料、纳米材料等方面被广泛应用。

溶胶是具有液体特征的胶体体系，是将粒径约 1～100 nm 的胶体粒子分散在液体介质中，形成的一种特殊分散状态。依据分散相与分散介质之间的亲和能力，溶胶可以分为亲液溶胶和憎液溶胶。亲液溶胶中分散相和分散介质有良好的亲和能力，没有明显的相界面，是热力学稳定体系。憎液溶胶中分散相和分散介质之间亲和力较弱，存在明显的相界面，是热力学不稳定体系。凝胶是具有固体特征的胶体体系，被分散的物质形成连续的网状骨架，骨架空隙中存有液体或气体，分散相的含量很低，约为 1%～3%。依据分散介质的差异，凝胶可以分为水凝胶、醇凝胶和气凝胶。对比而言，溶胶是由孤立的可自由运动的细小粒子或大分子组成的分散在溶液中的无固定形状的胶体体系，而凝胶是一种由细小粒子聚集而成的不能自由移动的三维网状连续结构的具有固态特征的胶态体系。凝胶化是指溶胶中胶体粒子逐渐长大成小胶体粒子簇，在相互碰撞过程中连接成大胶体粒子簇的过程。胶凝是指在适当条件下分散的胶体粒子相互连接成为网状凝胶的过程。

溶胶-凝胶法的基本反应包括：金属无机盐溶剂化、水解反应形成溶胶、缩聚反应形成凝胶。水-金属无机盐体系的缩聚反应主要包括脱水凝胶化和碱性凝胶化。脱水凝胶化是通过胶粒脱水，使扩散层中电解质浓度增加，逐渐减小凝胶化能垒，形成凝胶。碱性凝胶化是通过调节 pH 值，减少胶粒表面正电荷量，降低凝胶化能垒，形成凝胶。

依据产生溶胶凝胶过程的机制，溶胶-凝胶法主要分成三种类型：传统胶体型、无机聚合物型和络合物型。传统胶体型是通过控制溶液中金属离子的沉淀过程，使形成的颗粒不团聚成大颗粒而沉淀得到稳定均匀的溶胶，再经过蒸发得到凝胶。无机聚合物型是通过可溶性聚合物在水中或有机相中的溶胶过程，使金属离子均匀分散到其凝胶中，常用的聚合物有聚乙烯醇、硬脂酸等。络合物型是通过络合剂将金属离子形成络合物，再经过溶胶-凝胶过程生成络合物凝胶。

2. 溶胶-凝胶合成法的优缺点

溶胶-凝胶法与其它合成方法相比，具有如下独特的优点。由于反应物首先被分散到溶剂中而形成低黏度的溶液，可以实现在很短的时间内获得分子水平的均匀分散性，使得反应物在形成凝胶时可以实现分子水平上的均匀混合。在溶液反应步骤中可以均匀定量地掺入一些微量元素，从而实现产物分子水平上的均匀掺杂。与高温固相反应相比，由于溶胶-凝胶体系中反应物组分在纳米范围内均匀分散，化学反应较容易引发，可以采用较低的合成温度。由于溶胶-凝胶体系中各组分可实现分子水平上的均匀混合，选择合适的反应物配比和反应条件，可以制备各种组成的功能材料。

溶胶-凝胶法与其它合成方法相比存在如下缺点：某些溶胶-凝胶过程所需形成溶胶和凝胶的反应时间较长，降低生产效率；溶胶-凝胶法所使用的金属有机物原料价格通常较昂贵，且有些有机物原料对健康有害，生产过程不够绿色环保。

3. 溶胶-凝胶合成法的基本操作流程

溶胶-凝胶法通常包含如下步骤（图1）：配制反应物的均相溶液、水解反应制备溶胶、溶胶-凝胶转化、湿凝胶陈化、凝胶干燥和热处理干凝胶获得产物。

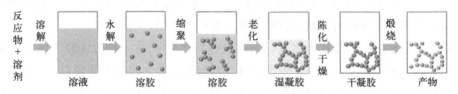

图 1　溶胶-凝胶合成法的操作流程示意图

产生凝胶的常用方法：

（1）改变温度，利用物质在溶液中温度不同时溶解度的差异，通过调控温度实现胶凝形成凝胶；

（2）转换溶剂，使用分散相溶解度较小的溶剂替换溶胶中原有的溶剂使体系胶凝生成凝胶；

（3）加电解质，在溶液中加入含有相反电荷的大量电解质引发胶凝获得凝胶；

（4）进行化学反应，使高分子溶液或溶胶发生交联反应引发胶凝形成凝胶；

（5）去除溶剂，通过溶剂去除（例如，挥发溶剂）使胶体粒子的浓度增大，引发溶胶-凝胶转变形成凝胶；

（6）酸或碱催化反应，使用酸或碱催化反应促进水解反应和缩聚反应，引发胶凝形成凝胶。

三、实验试剂与仪器

试剂：四水合乙酸钴、乙酸锂、氨水、去离子水。

耗材：乳胶手套、塑料滴管、称量纸、pH 试纸。

仪器设备：电子天平（1 台）、烘箱（1 台）、真空烘箱（1 台）、水浴锅（1 台）、烧杯（100 mL，2 个）、玛瑙研钵（1 个）、管式炉（1 台）。

四、实验步骤

1. 溶胶-凝胶法制备乙酸钴-乙酸锂干凝胶

（1）用电子天平称量四水合乙酸钴（8 mmol，1.9034 g），从称量纸上转移到 100 mL 烧杯中，加入 20 mL 水和磁子，在 30 ℃ 水浴锅中搅拌溶解；

（2）用电子天平称量乙酸锂（8 mmol，0.5279 g），转移到 100 mL 烧杯中，超声溶解于 20 mL 水；

（3）在磁子快速搅拌和 30 ℃ 水浴条件下，将乙酸锂溶液用塑料滴管逐滴滴加到乙酸钴溶液中，滴加完毕后继续搅拌 10 min，测试溶液 pH 值；

（4）在磁子快速搅拌下，使用塑料滴管逐滴滴加氨水，调整 pH 值为 pH≈8；

（5）继续搅拌 20 min，获得溶胶；

（6）在 60 ℃ 烘箱中加热 1 h 获得湿凝胶；

（7）在 110 ℃ 真空烘箱中减压充分干燥，获得干凝胶。

2. 煅烧干凝胶制备钴酸锂粉体

用研钵将干凝胶研磨成细粉，在 700 ℃ 管式炉中空气氛下煅烧 5 h，获得钴酸锂粉体。

五、数据记录

记录反应物、产物的质量，溶液的 pH 值。

计算产率(产率＝实际产物质量/理论产物质量)。

实验记录	乙酸钴/g	乙酸锂/g	溶液 pH 值	滴加氨水后溶液 pH 值	干凝胶质量/g	钴酸锂质量/g	产率/%
溶胶-凝胶法制备钴酸锂							

六、分析与思考

1. 本实验中的溶胶-凝胶法属于溶胶-凝胶法三种类型中的哪一种？
2. 本实验中使用氨水调控 pH 值的目的是什么？
3. 试分析溶胶-凝胶法制备纳米尺度材料的控制因素及其作用机理。

实验十七　物理气相沉积法制备二维铜基卤化物光敏材料

一、实验目的

1. 了解二维铜基卤化物光敏材料的组成结构、基本性质与应用；
2. 掌握物理气相沉积法的概念、分类与热蒸发物理气相沉积法的实验原理；
3. 掌握使用热蒸发物理气相沉积法制备二维铜基卤化物的操作方法。

二、实验原理

1. 铜基卤化物的晶体结构与基本性质

卤化亚铜 CuX（CuBr、CuI、CuCl）因其独特的晶体结构（图1）、优异的光电性能与良好的化学稳定性，在众多领域都有较大的应用潜力，引起众多学者的兴趣。目前，可以使用物理气相沉积法简单有效地制备高质量二维 CuX 薄膜。

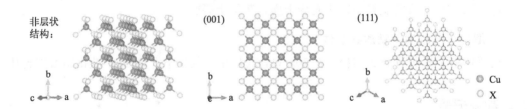

图1　卤化亚铜 CuX（CuBr、CuI、CuCl）的晶体结构

CuBr 作为典型的铜基卤化物，是具有闪锌矿结构的 P 型半导体，具有约 3.0 eV 的直接带隙、丰富的激子态以及非线性光学性质，使得其在紫外光电探测器、发光器件和非线性光学器件中有着巨大的应用潜力。γ-CuBr 作为一种卤素无机化合物，其激子结合能为 108 meV，远高于 GaN（约 23 meV）和 ZnO（约 60 meV），具有较强的室温激子吸收和发射能力，在构建短波长发光和光电器件方面具有很大的潜力。高质量二维 CuBr 单晶薄膜的大面积可控制备是实现二维 CuBr 在紫外光电器件的规模化应用的关键前提。

2. 物理气相沉积法

薄膜生长方法是获得薄膜的关键。薄膜材料的质量和性能不仅依赖于薄膜材料的化学组成，而且与薄膜材料的制备技术具有一定的关系。薄膜沉积技术主要分为物理气相沉积和化学气相沉积两类。物理气相沉积（physical vapour deposition，PVD）法，指利用物理过程，使材料源表面气化成原子、分子或离子，实现物质从源到薄膜的转移，在基体表面沉积具有某种特殊功能的薄膜的方法。物理气相沉积法不仅可沉积金属膜、合金膜、还可以沉积化合物、陶瓷、半导体、聚合物膜等，是目前主要的表面制造技术之一。

物理气相沉积技术基本原理如图 2 所示，可分为如下三个工艺步骤。(1) 镀料的气化：使镀料蒸发、升华或被溅射，也就是镀料的气化源。(2) 镀料原子、分子或离子的迁移：由气化源给出的原子、分子或离子经过碰撞后，产生多种反应；(3) 镀料原子、分子或离子在基体上沉积。PVD 主要分为蒸镀、溅射和离子镀三大类。

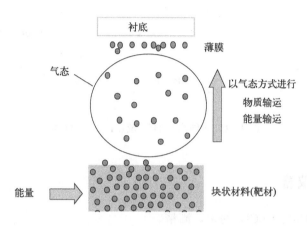

资料来源：中国粉体网、民生证券

图 2 物理气相沉积原理

3. 加热板辅助垂直物理气相沉积法

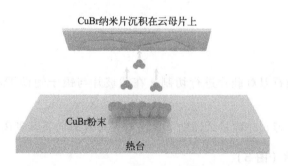

图 3 加热板辅助垂直物理气相沉积生长二维 CuBr 薄膜的示意图

使用加热板辅助气相制备策略（图 3）是基于垂直构型的物理气相沉积方法，如图 4 所示，二维 CuBr 纳米片的生长过程大致分为四个过程：CuBr 前驱体粉末蒸发形成蒸气；气体冷凝形成液滴；CuBr 从液滴中形核；CuBr 晶体生长。其中，这种垂直构型的气相法与传统的水平气相法相比，有一个显著的优势，就是在前驱体粉末与生长衬底之间形成了一个微小的限域空间，前驱体在很短的距离内垂直输运，抑制了沉积环境的波动，从而提高了物质输送的稳定性。值得强调的是，这种加热板辅助气相制备策略是一种简单而高效的垂直构型气相沉积过程，是在大气环境下完全开放的加热系统中进行的。与传统的水平气相沉积方法相比，这种新型制备策略避免了昂贵的实验设备和苛刻的反应条件，例如高真空环境、高生长温度和长生长时间。

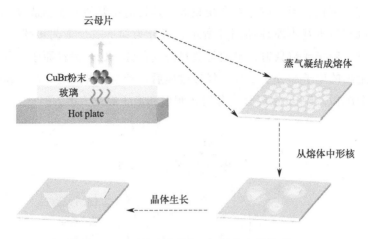

图 4 CuBr 纳米片的气-液-固态生长机理

三、实验试剂与仪器

试剂：CuBr（CuI、CuCl）粉末，酒精。

耗材：手套、镊子、塑料培养皿、玻璃载玻片、铝箔纸、称量纸、药勺、剪刀、洗耳球、纸巾、手术刀、金刚石刀、衬底（云母、硅片）。

仪器设备：远红外石墨电热板（室温－600 ℃，DB-XGW，上海力辰仪器科技有限公司）。

四、实验步骤

1. 准备衬底

硅片：使用金刚石刀对硅片进行切割，在载玻片与镊子辅助下，沿特定晶面切割成 1 cm×1 cm 的小片。

云母：使用手术刀，在称量纸辅助下，沿着云母片纵向将其剥离出来 4～6 片。

2. 搭建反应装置（图 5）

图 5 （a）加热板；（b），（c）为垂直微空间反应腔室

(1) 先在加热板表面铺上一层铝箔纸，保证平整，与加热板表面贴合紧密。

(2) 把玻璃载玻片放到加热板上，搭建成一个垂直微空间反应腔室：其中三个载玻片铺在下面，作为原料的支撑载体，两个载玻片分别置于两侧。

3. 加热板辅助气相制备二维 CuBr 纳米片

(1) 将微量 CuBr 粉末作为前驱体放在垂直微空间反应腔室[如图 5(b)所示]；

(2) 将加热板的温度升高到设定温度（400~450 ℃），用镊子把云母（硅片）衬底放在载玻片支架上，使其位于前驱体粉末的正上方；

(3) 二维 CuBr 纳米片开始在云母（硅片）衬底上沉积生长，约 1~3 min 即可把生长 CuBr 纳米片的云母（硅片）衬底移除出加热板。

(4) 整个制备过程在开放的大气环境中，只需要短短的几分钟。这种加热板辅助气相制备策略，实际上是一种垂直构型的气相沉积方法。

4. 仪器使用注意事项

(1) 整个过程中，加热板温度较高，戴上防护手套，避免烫伤。

(2) 达到指定温度之后，再把原料和衬底快速放在载玻片上。

(3) 反应之后的微反应腔室不能反复使用，需重新搭建新的反应腔室进行下一次反应。

(4) 加热板降到 100 ℃ 以下，把反应后的载玻片以及原料及时清理掉。

五、数据记录与处理

对二维 CuBr 样品，记录反应的衬底及对应的反应温度、时间，随后使用光学显微镜进行不同放大倍数下的观察拍照，测量尺寸，并把照片放置在如下位置。

衬底编号	温度/℃	时间/s	样品形貌与尺寸
1			
2			
3			
4			
5			
6			
7			
8			
9			
10			
…	…	…	…

六、分析与思考

1. 气相沉积法的分类依据以及类别是什么？
2. 加热板辅助气相沉积法为什么是物理气相沉积法？

第四章

能源材料分析实验

实验十八　X射线粉末衍射表征钴酸锂正极的晶体结构

一、实验目的

1. 了解X射线粉末衍射表征晶体结构的基本原理；
2. 掌握X射线粉末衍射仪的仪器组件、操作步骤和注意事项；
3. 掌握利用X射线粉末衍射仪表征碳酸钴与钴酸锂的实验方法。

二、实验原理

1. X射线

X射线频率范围为 $3\times10^{16}\sim3\times10^{19}$ Hz，对应波长为 0.001 nm～10 nm，能量为 $100\sim10^7$ eV。X射线是德国维尔茨堡大学伦琴教授在1895年从事阴极射线的研究时发现并命名的，因而X射线也被称为伦琴射线。1895年12月28日，伦琴向维尔茨堡物理医学学会递交了第一篇X射线的论文"一种新射线——初步报告"，并使用X射线拍摄了第一张人手的X光照片。X射线在医学检查中被广泛应用，X射线对人体有穿透性，当X射线透过人体不同组织时，由于人体组织间有密度和厚度的差异，X射线被吸收的程度不同，经过显像处理后即可得到不同的影像，可实现对人体骨骼的检查。X射线是一种高能射线，超过一定剂量的X射线照射人体，会引发细胞电离，影响细胞活性，严重时造成细胞死亡，导致放射病或癌症。通常医学上的X射线检查等对人体所造成的伤害处于可控范围之内。此外，X射线也被广泛应用于晶体结构分析、安检和杀菌等领域。

2. X射线粉末衍射仪中X射线的产生原理

X射线粉末衍射仪中，高速粒子（比如电子）将靶材原子内层电子击出，原子电离，留下一个空穴，外层电子跃迁进入空穴，释放特征 X 射线（图 1）。高速电子撞击阳极（Cu、Cr 等重金属），约 99% 能量转化为热能，只有约 1% 能量转化为 X 射线。在物质的连续光谱上会有几条强度很高的线光谱，称为该物质的特征光谱，只占 X 光管辐射总能量的很小一部分。特征光谱的波长和 X 光管的工作条件无关，只取决于对阴极组成元素的种类，是对阴极元素的特征谱线。不同元素具有自己的特征 X 射线谱（表 1），因而基于物质的 X 射线特征谱可以做元素的定性分析。

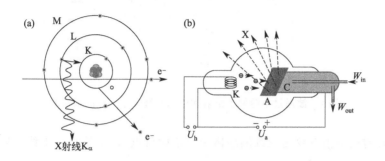

图 1 （a）特征 X 射线产生原理示意图；(b) 实验室用的 X 光管（阴极射线管/克鲁克斯管）示意图

为了获得单一波长的 X 射线，即对 X 射线进行单色化，人们使用滤光片消除 K_β 线。通常滤光片材料原子序数一般比 X 光管靶材材料的原子序数小 1 或者 2，其 K 吸收边位置刚好在特征 K_α 和 K_β 线之间。例如 Ni 的吸收边限为 1.488Å，在 Cu 的 K_α(1.54Å) 和 K_β(1.39Å) 线之间，适合做 Cu 靶 X 射线滤光片。而 Ni 靶材 X 射线（K_α 约为 1.66Å）的滤光片可以使用 Co 滤光片（吸收边限 1.608Å）。此外，可以采用晶体单色器获得单色化的 X 射线（表 1）。利用特定的晶面和入射角将具有满足布拉格方程的波长的 X 射线导出，这个方法有利于消除连续光谱造成的低信噪比问题；既可以在入射光路上使用，也可在衍射光路上使用，优点是可以得到干净的 K_α 线，但是会严重减弱 K_α 线强度。

表 1 不同晶体单色器用于导出特定波长 X 射线的衍射晶面

晶体	衍射晶面	晶面间距/Å
α-石英	(101)	3.343
石墨	(002)	7.60
硅	(111)	3.135
锗	(111)	3.266
LiF	(200)	2.009

3. X 射线粉末衍射原理——布拉格方程

如图 2 所示，衍射是指波遇到障碍物（狭缝、小孔或圆盘）时偏离原来直线传播的现象；干涉是指两列或两列以上的波在空间中重叠时发生叠加而形成新波形的现象。

物质对 X 射线具有相干散射作用。在 X 射线的照射作用下，物质原子中的电子被迫发生振动，同时向四周辐射与入射 X 射线相同波长的散射 X 射线。满足一定条件后，散射 X 射线发生增强现象即为衍射（图 3）。X 射线衍射数据反映物质中电子密度的空间分

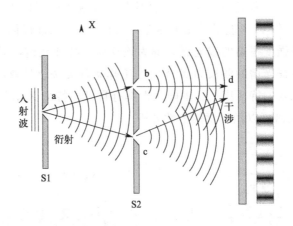

图 2　波通过单缝发生衍射和通过双缝发生干涉的示意图

布。单晶的 X 射线衍射花纹为三维倒易格子（衍射斑点），多晶的 X 射线衍射花纹为一维衍射环。

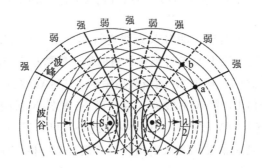

图 3　物质中两个原子 S_1 和 S_2 对 X 射线的相干散射作用示意图

基于布拉格方程（Bragg 方程）$2d\sin\theta = n\lambda$（图 4），可以建立晶格间距 d、入射 X 射线波长与晶面夹角的角度 θ 间的关系。进而可以根据入射 X 射线与晶面夹角角度 θ 对应的 X 射线衍射峰位置和强度信息，获得晶面间距和晶面结晶强度信息。

4. X 射线粉末衍射仪组成及数据分析

X 射线粉末衍射仪（图 5）主要由 X 射线发生器（发出特定波长 X 射线）、样品台（承载样品）、测角仪（测试衍射角 θ）、检测器、测量记录系统和计算机系统组成。

X 射线粉末衍射数据的常规分析流程如下：

（1）根据合成方法预估样品组成，利用物相软件（Jade 5.0）和粉末衍射数据库（JCPDS 卡片）对 XRD 图谱进行物相搜索和匹配；

（2）将候选物相 PDF 卡片数据逐一与实验数据中的衍射峰位置和相对强度进行对比；

（3）判定正确物相。

粉末衍射数据库（JCPDS Card）中的数据都是由全球科研人员根据纯相物质（单晶）的晶体结构详细分析提供的。因而，新结构的物相无法通过物相搜索和匹配来完成，需要

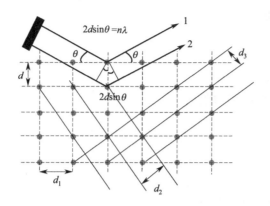

图 4　粉末 X 射线衍射原理（布拉格方程）

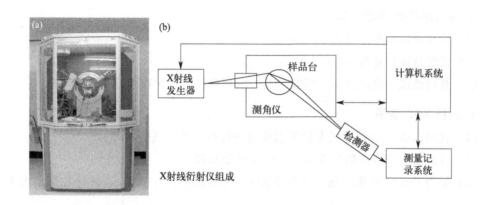

图 5　粉末 X-射线衍射仪的仪器照片（a）和仪器主要组成（b）

做晶胞参数确定甚至结构解析。

X 射线粉末衍射数据分析的注意事项如下：

（1）实测数据与 PDF 卡片上的数据不完全一致，如晶面间距 d 值和衍射峰相对强度值；在进行数据对比时，d 值比相对强度的优先级更高。

（2）对于不同晶体，在低角度，d 值相一致的机会很少，而在高角度，不同晶体间衍射峰相似的机会较大。因此低角度区的衍射与卡片数据的符合比高角度区的符合更重要。

（3）在多相样品中，不同相的某些衍射峰可能互相重叠，因此某些强线实际并不是某一物质的强衍射，需要仔细判断。混合相样品的分析是一项非常细致的工作，一般要经过多次尝试。

（4）同一物质可能有不同编号的卡片数据，有略微差别。

（5）混合试样中某些相的含量很少或该相的反射能力很弱时，在衍射图上该相的衍射峰显示不出来，因此无法确定该物相是否存在。

三、实验试剂与仪器

试剂：钴酸锂、碳酸钴。

耗材：乳胶手套。

仪器设备：X射线粉末衍射仪。

四、实验步骤

1. 装载样品

（1）取适量样品放在装载片上；

（2）用称量纸覆盖样品，使用玻璃片压实样品；

（3）装载样品的装载片安装到样品台上，并安装到XRD测试仪的测试台上。

2. 测试样品的XRD谱图

（1）设置测试角度范围为20°~80°；

（2）设置角度扫速为10°·min^{-1}；

（3）开始测试，测试完毕后回收样品，清理样品台，保存样品XRD谱图。

3. 分析XRD谱图

（1）利用Jade 5.0软件根据物质组成查找标准卡片，进行对照；

（2）找到适配度最高的标准卡片，确定样品晶相；

（3）使用Origin绘图（包含样品XRD曲线和标准卡片数据），并标注衍射峰对应的晶面。

五、数据记录

记录样品主要XRD衍射峰的出峰位置2θ数值。

2θ数值/(°)	峰1	峰2	峰3	峰4	峰5	峰6
钴酸锂						
碳酸钴						

六、分析与思考

1. 在制作XRD测试样品时，为什么要尽可能压实样品？

2. X射线的防护措施有哪些？

实验十九　碳酸钴与碳酸锂前驱混合物的热重曲线测试

一、实验目的

1. 掌握锂电材料热重分析的基本方法及工作原理；
2. 掌握利用热重曲线分析碳酸钴与碳酸锂反应生成钴酸锂反应温度的方法；
3. 应用热重分析来调控材料合成条件；
4. 了解热分析的常见种类。

二、实验原理

温度作为一种重要的物理量，会影响物质的物性常数和化学性质。研究物质的物理化学性质与温度之间的关系，或者说研究物质的状态随温度变化的规律，从而形成一种重要的实验技术，即热分析技术。热分析包括物质系统的热转变机理和物理化学变化的热动力学过程的研究。

热分析是一类应用广泛的通用技术，已经发展出多种测量仪器。本实验只简单介绍差热分析法（differential thermal analysis，DTA）、差示扫描量热法（differential scanning calorimetry，DSC），重点讲解热重分析法（thermogravimetric analysis，TGA）。

1. DTA 的基本原理

DTA 是在程序控制温度下，测量物质与参比物之间的温度差与温度关系的一种技术。在 DTA 实验中，试样温度的变化是由相转变或反应的吸热或放热效应引起的，包括熔化、结晶、结构的转变、升华、蒸发、脱氢反应、断裂或分解反应、氧化或还原反应、晶体结构的破坏和其他化学反应等。一般地，相转变、脱氢还原和一些分解反应产生吸热效应，而结晶、氧化等反应产生放热效应。

若以在实验温度范围内不发生物理变化和化学变化的惰性物质作参比物，试样和参比物之间就出现温差 ΔT，ΔT 随温度变化的曲线称为差热曲线或 DTA 曲线（图1）。从 DTA 中可以得到样品的熔点、晶型转变温度、玻璃化温度等信息。

2. DSC 的基本原理

DSC 监测样品和参比物温度差（热流差）随时间或温度变化而变化的过程（图2）。样品和参比物处于温度相同的均温区，当样品没有热变化的时候，样品端和参比物端的温度均按照预先设定的温度变化，温差 $\Delta T = 0$。当样品发生变化如熔融等，提供给样品的热量都用来维持样品的熔融，参比物端温度仍按照炉体升温，导致参比物端温度高于样品端温度，从而形成了温度差。把这种温度差的变化以曲线记录下来，就形成了 DSC 的原始数据。典型的 DSC 图见图 2。

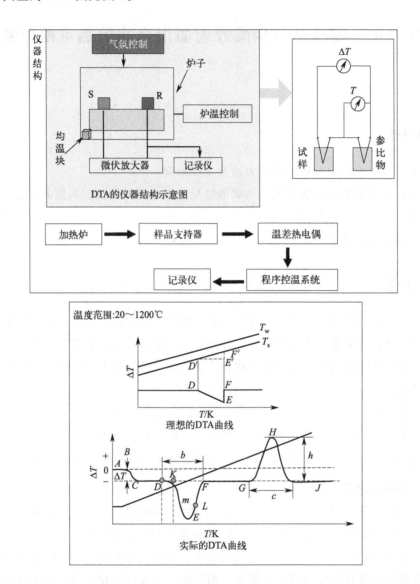

图 1　DTA 工作原理和 DTA 曲线图

3. TGA 的基本原理

热重分析，是在程序控制温度下，测量物质的质量与温度（或时间）的关系的方法。通过分析热重曲线，可以知道样品及其可能产生的中间产物的组成、热稳定性、热分解情况及生成的产物等与质量相联系的信息。

从热重分析可以派生出微商热重分析，也称导数热重分析，它是记录 TG 曲线对温度或时间的一阶导数的一种技术。实验得到的结果是微商热重曲线，即 DTG 曲线，以质量变化率为纵坐标，自上而下表示减少；横坐标为温度（或时间），从左往右表示增加。TG 和 DTG 之间的关系如图 3 所示。

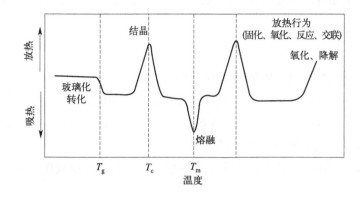

图 2 典型的 DSC 图

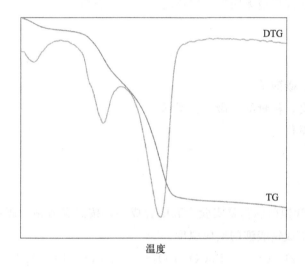

图 3 TG 和 DTG 曲线的关系

热重分析定量性强，能准确地测量物质的质量变化及变化的速率。根据这一特点，可以说，只要物质受热时发生质量的变化，就可以用热重分析来研究。可用热重分析来检测的物理变化和化学变化过程，都是存在着质量变化的，如升华、汽化、吸附、解吸、吸收和气固反应等。

DTA 与 TG 的区别在于测量值从质量变为温差。之所以选择测试温差，是因为升温过程中发生的很多物理化学变化（比如融化、相变、结晶等）并不产生质量的变化，而是表现为热量的释放或吸收，从而导致样品与参比物之间产生温差。与 DTA 相比，DSC 不仅可测定相变温度等温度特征点，其曲线上的放热峰和吸收峰面积还可分别对应到相变所释放/吸收的热量。而 DTA 曲线的放热峰和吸收峰则无确定的物理含义，只有在使用合适的参比物时，其峰面积才有可能被转换成热量。此外，因为 DSC 在实验过程中，参比物质和待测物质始终保持温度相等，所以两者之间没有热传递，在定量计算时精度比较高。基于上述原因，目前 DTA 几乎完全被 DSC 所取代。

在锂离子电池研究分析中，TG 一般用于锂离子电池正负极材料的合成分析研究中，用来寻找最佳合成条件。本实验研究碳酸钴与碳酸锂前驱混合物的热重曲线。

4. TGA 仪器使用注意事项

(1) 测试温度不要超过 800 ℃；

(2) 样品为强酸强碱时，需稀释后方可测试；

(3) 测试液体样品时，液面不宜超过坩埚的 1/2，固体粉末少于坩埚的 1/3；

(4) 样品中卤素含量超过 6%，温度超过 600 ℃就不能进行 TGA 测试；

(5) 测试前，需保证样品不与坩埚反应；

(6) 测试温度较高时，用空坩埚做空白实验，将空白实验曲线作为基线调入，再进行测试；

(7) 注意操作板上的室内温度，不可有较大波动，波动不可超过 ± 0.5 ℃；

(8) 测试时需保证环境无明显空气流动、噪声或震荡。

三、试剂和仪器

试剂：碳酸锂、碳酸钴。

耗材：乳胶手套、称量纸、镊子、坩埚。

仪器设备：热重仪。

四、实验步骤

1. 碳酸钴与碳酸锂前驱物是实验十五中合成的，按照碳酸钴与碳酸锂质量比 2∶1.1 配制，探究其反应生成钴酸锂的反应温度。

反应方程式： $2Li_2CO_3 + 4CoCO_3 + O_2 \longrightarrow 4LiCoO_2 + 6CO_2 \uparrow$

2. 双击 Diamond TG/DTA 软件，热重仪器显示"Link on"；

3. 设置温度从 40 ℃升至 800 ℃，升温速率保持在 5 ℃/min；

4. 选择 N_2 氛围，并将气流流速调至 200 sccm；

5. 设置完成后，打开热重仪器加热仓门，将两个空坩埚放置在天平托盘上，待稳定之后关闭仓门，点击去零按钮。

6. 之后再次打开仓门，取出右侧坩埚放入样品之后，放回天平托盘之上，待稳定之后关闭仓门；点击称重按钮，待稳定之后，点击开始按钮，开始测试。

7. 测试完毕后清理坩埚，导出数据。

8. 先关软件，再关电脑，最后关气瓶。

五、实验数据记录与处理

1. 导出 TGA 数据，作出样品质量损失率随温度变化的曲线及 DTG 曲线。

2. 找出碳酸钴与碳酸锂反应生成钴酸锂的反应温度。

3. 分析温度与文献上差别的原因。

4. 导出 TGA 数据，作出样品质量损失率随温度变化的曲线及 DTG 曲线。
5. 找出碳酸钴与碳酸锂反应生成钴酸锂的最佳反应温度。
6. 分析所得温度与文献上有差别的原因。

六、思考题

1. 在实验过程中影响确定反应温度的因素有哪些？
2. DTG 和 DTA 的区别是什么？

实验二十 X射线光电子能谱表征钴酸锂正极与碳酸钴前驱物

一、实验目的

1. 了解 X 射线光电子能谱仪的构造及工作原理；
2. 掌握 X 射线光电子能谱仪的测试方法及参数选取；
3. 应用 X 射线光电子能谱仪探究钴酸锂正极与碳酸钴前驱体材料的组成，进行半定量分析。

二、实验原理

1. 电子能谱仪及其应用

电子能谱学（XPS）可以定义为利用具有一定能量的粒子（光子、电子、粒子）轰击特定的样品，研究从样品中释放出来的电子或离子的能量分布和空间分布，从而了解样品的基本特征的方法。入射粒子与样品中的原子发生相互作用，经历各种能量传递的物理效应，最后释放出的电子和粒子具有样品中原子的特征信息。通过对这些信息的解析，可以获得样品中原子的各种信息如含量、化学价态等。

电子能谱学的应用主要在表面分析和价态分析方面，可以给出表面的化学组成、原子排列、电子状态等信息。利用 XPS 还可以对表面元素做出一次全部定性和定量分析，通过其化学位移效应进行元素价态分析；通过离子束的溅射效应可以获得元素沿深度的化学成分分布信息。此外，利用其高空间分辨率，还可以进行微区选点分析、线分布扫描分析以及元素的面分布分析。这些技术使得电子能谱学在材料科学、物理学、化学、半导体以及环境等方面具有广泛的应用。

2. XPS 的工作原理

光电效应：当一个 γ 光子与物质原子中的束缚电子作用时，光子把能量转移给某个束缚电子，使之脱离原子而发射出去，而光子本身被全部吸收，这个过程称为光电效应：$M + h\nu \longrightarrow M^{*+} + e^{-}$。光电效应过程同时满足能量守恒（图 1）和动量守恒，入射光子和光电子的动量之间的差额是由原子的反冲来补偿的。由于需要原子核来保持动量守恒，因此光电效应的概率随着电子与原子核结合的加紧而很快增加，所以只要光子的能量足够大，被激发的总是内层电子。外层电子的光电效应概率就会很小，特别是价带，对于入射光来说几乎是"透明"的。在 K 壳层击出光电子的概率最大，约占 80%。

电离截面 σ：光电效应的概率用光电电离截面 σ 表示。由于光电子发射必须由原子的反冲来支持，所以同一原子中轨道半径愈小的壳层 σ 愈大；轨道电子结合能与入射光能量

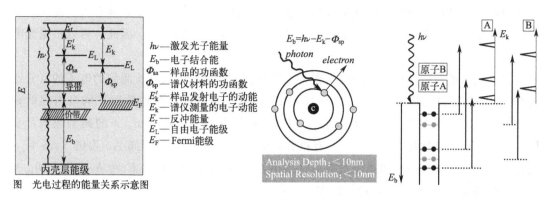

图 1 光电效应过程的能量关系示意图

愈接近，电离截面 σ 愈大，这是因为入射光总是激发尽可能深的能级中的电子；对于同一壳层，原子序数 Z 愈大的元素，电离截面 σ 愈大。

电子结合能（图 2）：原子中某个电子吸收了能量后，消耗一部分能量以克服原子核的束缚而到达样品的费米能级，这一过程消耗的能量称为电子结合能。电子结合能是电子能谱要测定的基本数据。

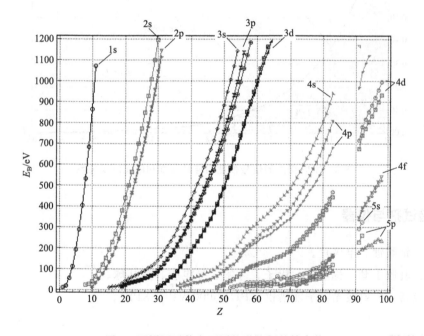

图 2 不同原子数在不同轨道能级的结合能

功函数：电子由费米能级到自由能级时，电子虽然不再受原子核的束缚，但要继续前进，还需克服样品晶格对它的引力，这一过程所消耗的能量为功函数。每台仪器的功函数（Φ_{sp}）固定，与试样无关，约 3～4eV；E_k 可由实验测出，故计算出 E_b 后确定试样元素，这是定性基础。对于固态试样，选费米能级为参比能级，$E_b = h\nu - \Phi_{sp} - E_{k'} \approx h\nu - \Phi_{sp} - E_k$；对于气态试样，$E_b$ = 真空能级 − 电子能级差。

在 XPS 分析中，由于采用的 X 射线激发源的能量较高，可以激发出靶心能级上的内层轨道电子，其出射光电子的能量仅与入射光子的能量及原子轨道结合能有关。因此，对于特定的单色激发源和特定的原子轨道，其光电子的能量是特征的。因此，可以根据光电子的结合能定性。

逸出电子的非弹性散射平均自由程 λ（图 3）：采样深度=3λ（检测到的电子的百分比为 95% 时的深度）。对于能量在 100~1000 eV 的电子来说，非弹性散射平均自由程的典型值在 1~3 nm 的量级，所以通常认为 XPS 的探测深度小于 10 nm。λ 的典型数值：金属 0.5~2 nm；氧化物 1.5~4 nm；有机和高分子 4~10 nm。以金属 Au 为例（Au $4f_{7/2}$ 结合能 E_b 为 84.0 eV），如果使用铝靶（Al K_α=1486.6 eV），那么 $E_k = h\nu - E_b - \Phi_{sp} \approx$ (1486.6-84.0-4.4) eV=1398.2 eV。

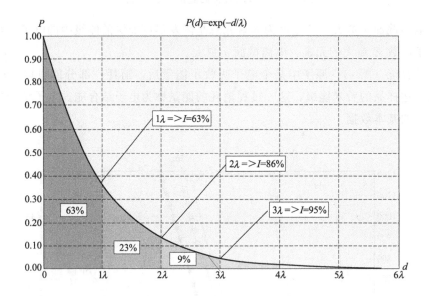

图 3 XPS 探测的信号强度与样品深度和激光波长关系

三、实验试剂与仪器

试剂：钴酸锂、电极片。

耗材：乳胶手套、称量纸、镊子、牙签、导电胶、洗耳球。

仪器设备：X 射线光电子能谱仪（PHI 5000 VP Ⅲ XPS）。

四、实验步骤

1. 制样、送样

首先根据样品尺寸，选择样品托尺寸，采用碳导电胶将样品粘于样品托上或压在样品孔中。然后，在样品视窗右键点击"properties"选择选照片存储地址，并进行拍照。接着，用无水酒精和无尘纸擦拭样品托的边缘，并盖上盖子，点"intro"右键，选"pumb intro"，抽真空至真空度 2.7×10^{-4} bar(1 bar=0.1 MPa)。最后，按住样品杆进行送样。

2. Sample 开始采点（sample 界面）

（1）选取样品测试点（点击右键，选择"create point"）→ 运动到该点（"drive to position"）→ 将电子和离子中合枪由"off"调到"stand by"→"Z Align"（样品台自动聚焦，五轴自动校准，找到信号最强处，点击"properties"中的"log"可显示时间和 Z 坐标及信号强度等实时状态）→ 关闭窗口 → 点击更新实时位置（"update position"）。

（2）采谱（点"XPS"→点"platern manager"（选择存储位置及托的大小：60 mm，2.5 寸；25 mm，1 寸）→"Directory"（存数据，一般放在 user 目录下）。

（3）采谱"Spectrum"参数设置（全谱 Su，一般"pass energy"选 280 即可；"pass energy"越小，分辨率越高，而信号强度越弱；一般"X-Ray settings"即光斑大小设置为 200u、25W、15 kV。若样品含量非常小，可用 HP 模式，但是需要注意建点处也应改成"HP"；"Time per step（ms）"，单个点的扫描时间，一般选到最小）。

（4）确认电子和离子中合枪在"auto"（若没有，右下角"E-Neut state"右键选择"auto"；"IGun，Ion Gun state"选择"auto"（一般离子枪打开时间比较慢）。

（5）如果不测样，一定要选"off"，否则损耗离子枪寿命）→采谱"spc"（数据出来后，点 ID 可自动标明元素）。

3. 采用 Multipak 软件进行数据拟合

4. 测试完毕后，关闭离子和电子中和枪，退出账号

五、实验数据记录与处理

1. 导出 XPS 数据，作出样品的全谱及精细谱图。
2. 分析钴酸锂正极与碳酸钴前驱物的元素组成及所占比例。
3. 分析金属钴价态变化的原因。

六、分析与思考

1. 在实验过程中影响 XPS 测试强度与精度的方法有哪些？
2. 结合能向高或低能方向移动，说明局域环境发生了怎样的变化？

实验二十一 氮气吸脱附法对比分析钴酸锂微米及纳米尺度颗粒

一、实验目的

1. 了解比表面仪的构造及工作原理;
2. 掌握比表面仪的测试方法及参数选取;
3. 应用比表面仪进行材料的比表面积分析。

二、实验原理

1. 比表面积和孔径的定义

(1) 比表面积的定义

比表面积定义为单位质量的粉体所具有的表面积总和,分外表面积、内表面积两类。国标单位是 $m^2 \cdot g^{-1}$。理想的非孔性物料只具有外表面积,如硅酸盐水泥、一些黏土矿物粉粒等;有孔和多孔物具有外表面积和内表面积,如石棉纤维、岩(矿)棉、硅藻土等。不同固体物质的比表面积差别很大,通常用作吸附剂、脱水剂和催化剂的固体物质比表面积较大。例如,氧化铝比表面通常在 $100\sim400$ $m^2 \cdot g^{-1}$,分子筛 $300\sim2000$ $m^2 \cdot g^{-1}$,活性碳可达 1000 $m^2 \cdot g^{-1}$ 以上。

来看一个例子,表1为把边长为 1 cm 的立方体逐渐分割成小立方体,当将边长为 10^{-2} m 的立方体分割成 10^{-9} m 的小立方体时,比表面增长了 1000 万倍。可见达到 nm 级的超细微粒具有巨大的比表面积,因而具有许多独特的表面效应,成为新材料和多相催化方面的研究热点。

表 1 不同边长的立方体比表面积比较

边长 l/m	立方体数	比表面 $S/m^2 \cdot g^{-1}$
1×10^{-2}	1	6×10^2
1×10^{-3}	10^3	6×10^3
1×10^{-5}	10^9	6×10^5
1×10^{-7}	10^{15}	6×10^7
1×10^{-9}	10^{21}	6×10^9

(2) 孔的定义

固体表面由于多种原因总是凹凸不平的,凹坑深度大于凹坑直径就成为孔。不同的孔(微孔、介孔和大孔)可视作固体内的孔、通道或空腔,或者是形成床层、压制体以及团聚体的固体颗粒间的空间(如裂缝或空隙)。分子能从外部进入的孔叫做开孔(open pore),分子不能从外部进入的孔叫做闭孔(closed pore)。根据孔的类型可以分为交联孔、通孔、盲孔、闭孔。此外，根据孔的形状，可以将孔分为筒形孔、锥形孔、球形孔、空隙、裂隙孔。根据孔径的大小（图1），可以将孔分为微孔（micropore）＜2 nm，中孔（mesopore）2～50 nm，大孔（macropore）＞50 nm。

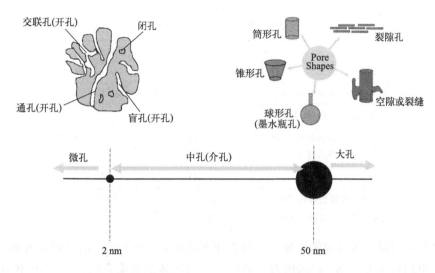

图 1　根据孔的类型、大小分类情况

2. 吸附理论

（1）吸附现象：吸附作用指的是一种物质的原子或分子附着在另一种物质表面上的过程，即物质在界面上变浓的过程。对气-固接触面来说，由于固体表面分子受力不均衡，就产生一个剩余力场，这样就对气体分子产生吸附作用。

（2）吸附的相关概念

吸附剂（adsorbent）：具有吸附能力的固体物质。吸附质（adsorptive）：被吸附剂所吸附的物质（如氮气）。吸附过程（adsorption）：固体表面上的气体浓度由于吸附而增加的过程。脱附过程（desorption）：气体在固体表面上的浓度减少的过程。吸附平衡（adsorption equilibrium）：吸附速率与脱附速率相等时，表面上吸附的气体量维持不变。吸附量（amount adsorbate）：给定压力 p 下的吸附气体摩尔数。单层吸附量（monolayer amount）：在吸附剂表面形成单分子层的吸附质的物质的量。单层吸附容量（monolayer capacity）：单层吸附量的等效标准状态气体体积。平衡吸附压力（equilibrium adsorption pressure）：吸附物质与吸附质的平衡压力。相对压力（relative pressure）：平衡压力 p 与饱和蒸气压 p_0 的比值。吸附等温线（adsorption isotherm）：恒定温度下，气体吸附量与气体平衡压力之间的关系曲线。

（3）化学吸附和物理吸附（表 2）

化学吸附：被吸附的气体分子与固体之间以化学键结合，并对它们的性质有一定影响的强吸附。物理吸附：被吸附的气体分子与固体之间以较弱的范德华力结合，而不影响它们各自特性的吸附。

（4）吸附等温线形式：假设温度控制在气体临界温度下

$$a = f(p/p_0) \tag{1}$$

式中，p_0 为吸附质饱和蒸气压。

气体吸附量普遍采用的是以换算到标准状态（STP）时的气体体积容量（cm^3 或 mL）表示，于是式(1)改写为：

$$v = f(p/p_0) \tag{2}$$

表 2　两种吸附的不同特征

	化学吸附	物理吸附
吸附热	较大	较小
吸附速率	需要活化，速率慢	不需要活化，速率快
发生温度	高温(高于气体液化点)	接近气体液化点
选择性	有选择性，与吸附质、吸附剂性质有关	无选择性，任何气体可在任何吸附剂上吸附
吸附层	单层	多层

由于物理吸附的"惰性"，通过物理吸附的行为及吸附量的大小可以确定固体的表面积、孔积及其孔径分布。

吸附等温线是以压力为横坐标，恒温条件下吸附质在吸附剂上的吸附量为纵坐标的曲线。通常用相对压力 p/p_0 表示压力，其中，p 为气体的真实压力，p_0 为气体在测量温度下的饱和蒸气压。

吸附平衡等温线的类型有以下六种（图 2）。①Ⅰ型等温线：在低相对压力区域，气体吸附量有一个快速增长，这可归因于微孔填充。随后的水平或近水平平台表明，微孔已经充满，没有或几乎没有进一步的吸附发生。达到饱和压力时，可能出现吸附质凝聚。外表面相对较小的微孔固体，如活性炭、分子筛沸石和某些多孔氧化物，表现出这种等温线。②Ⅱ型等温线：一般由非孔或大孔固体产生，B 点通常被作为单层吸附容量结束的标志。③Ⅲ型等温线：以向相对压力轴凸出为特征。这种等温线在非孔或大孔固体上发生弱的气-固相互作用时出现，而且不常见。④Ⅳ型等温线：Ⅳ型等温线由介孔固体产生。典型特征是等温线的吸附曲线与脱附曲线不一致，可以观察到迟滞回线。在 p/p_0 值较高的区域可观察到一个平台，有时以等温线的最终转而向上结束（不闭合）。⑤Ⅴ型等温线：其特征是向相对压力轴凸起。Ⅴ型等温线来源于微孔和介孔固体上的弱气-固相互作用，而且相对不常见。⑥Ⅵ型等温线：以其吸附过程的台阶状特性而著称。这些台阶来源于均匀非孔表面的依次多层吸附。这种等温线的完整形式，不能由液氮温度下的氮气吸附来获得。

(5) 迟滞环产生的原因

Ⅳ型、Ⅴ型曲线有吸附滞后环，即吸附量随平衡压力增加时测得的吸附分支和随压力减少时测得的脱附分支，两者不相重合，形成环状。在此区域内，在相同压力脱附时的吸附量总是大于吸附时的吸附量。具体解释为：吸附是由孔壁的多分子层吸附和在孔中凝聚两种因素产生，而脱附仅由毛细管凝聚所引起。这就是说，吸附时首先发生多分子层吸附，只有当孔壁上的吸附层达到足够厚度时才能发生凝聚现象；而在与吸附相同的 p/p_0 相对压力下脱附时，仅发生在毛细管中的液面上的蒸汽，却不能使 p/p_0 下吸附的分子脱附，要使其脱附，就需要更小的 p/p_0，故出现脱附的滞后现象，实际就是由相同 p/p_0 下吸附的不可逆性造成的。

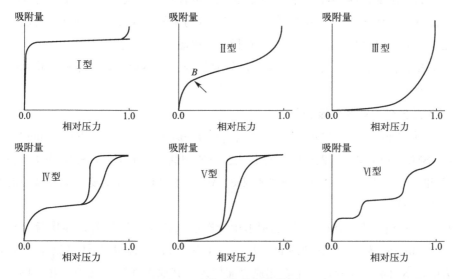

图 2 吸附平衡等温线类型

3. 比表面积的计算

（1）比表面积的测定

任何固体表面都有吸附气体分子的能力，在液氮温度下，在含氮的气氛中，粉体表面会对氮气产生物理吸附。假定，在粉体颗粒的表面完全吸附满一层氮分子，那么粉体的比表面积（S）可用吸附的氮分子数和每个分子所占的面积求出：$S=V_m N\sigma/(22400W)$。

式中，V_m 为样品表面单层氮气饱和吸附量，mL；N 为阿伏伽德罗常数，6.024×10^{23}；σ 为每个氮分子的横截面积，$0.162\ \text{nm}^2$；W 为样品的质量，g。

（2）吸附等温方程

吸附现象除了用等温线描述之外，还可以用数学方程来描述，比较重要的数学方程以及应用的等温线类型分为以下几种：单分子层吸附理论·Langmuir 方程（Ⅰ型等温线）；多分子层吸附理论·BET 方程（Ⅱ型和Ⅲ型等温线）；毛细孔凝聚理论·Kelvin 方程（Ⅳ和Ⅴ型等温线）。

三、实验试剂与仪器

试剂：钴酸锂粉末。

耗材：乳胶手套、称量纸、药匙。

仪器设备：ASAP 2020 系列全自动快速比表面积及中孔/微孔分析仪。

四、实验步骤

1. 样品准备

（1）称量空样品管（空管＋密封塞）的质量 m_1；

（2）用称量纸称量样品质量，样品量根据样品材料比表面积的预期值不同而定，比表面越大，样品量越少；（参考值：样品比表面积乘以样品质量在 $40\sim120\ m^2$ 范围内）；

（3）将所称量样品装入已称重的空样品管中（粉末样品用漏斗送到样品管底部，以免样品粘在管壁上），称量样品管（空管＋密封塞＋样品）重 m_2；

（4）将样品管安装到脱气站口，在样品管底部套上加热包，再用金属夹将加热包固定好等待脱气处理。

2. 样品文件建立、脱气及分析

（1）点击"File"→"Open"→"Sample Information"，在"File name"中输入"13032801.SMP"（130328 代表日期，01 代表当日所测的第 1 个样品，SMP 为文件格式）→"OK"（新建一个文件）→"Yes"→"Replace All"，根据样品测试要求选择合适的模板文件，双击进行替换；

（2）在"Sample Information"选项卡中依次输入详细的样品名、操作者、样品提交者，在"Calculate"处输入空管质量"Empty tube" m_1，样品＋材料质量"Sample＋tube"这里先不用填，分析过程中在相应界面填入，其他选择默认选项；在"Degas Conditions"选项卡中可适当调整脱气温度和时间（选择适当脱气温度及时间：首要原则是不破坏样品结构。一般脱气温度不能高于固体熔点或玻璃的相变点，建议不要超过熔点温度的一半。仪器可选温度范围是室温～200 ℃。考虑到脱气温度过高会导致样品结构的不可逆变化，脱气温度过低又可能使脱气处理不完全导致结果偏小，所以在不破坏样品结构的基础上脱气温度可适当提高），其他选择默认，点击"Save"→"Close"；

（3）点击"Unit 1"→"Start Degas"→"Browse"，双击所建的文件，点击"Start"，开始脱气（脱气程序与所选模板不一致时，可在第 2 步中 Degas Conditions 修改）；

（4）脱气结束后，自动弹出对话框，点击"OK"，取下加热包，待样品管冷却至室温，取下称重 m_3，m_3 减去 m_1 即样品脱气后真实质量；

（5）将样品管套上等温夹套，装到分析站。杜瓦瓶内装入合适高度的液氮（液面接近或者高于十字架低端，但绝对不能超过十字架小孔处位置），一手托住底部，一手扶着杜瓦瓶小心放在升降电梯上，等待分析；

（6）点击"Unit 1"→"Sample Analysis"，点击"Browse"，选中所建文件，点击"OK"，输入第 4 步中计算的质量，检查所输入的分析条件等信息，无误后点击"Start"，开始分析。

3. 实验注意事项

1. 称取空管质量时一定要除去泡沫垫的质量，算上塞子的质量；
2. 整个装样准备过程要谨慎，避免样品管的损坏；
3. 在向仪器杜瓦瓶中倾倒液氮时，要缓慢加注，防止瓶体因为温度剧变爆裂；
4. 不要在杜瓦瓶的上方进行实验操作，防止有异物掉入杜瓦瓶；
5. 样品管在使用前一定确保清洁、干燥。用手拿样品管时，应该戴上手套，防止手上的汗液污染样品管外壁影响称量；
6. 没有将样品管放入加热包时禁止开启加热；
7. 测完自己的样品后记得及时回收，避免自己样品的丢失，并按照要求清洗干净样品管，记得及时拷出数据；

8. 操作过程遇到异常情况或不懂的地方及时与相关人员沟通，避免后续造成严重后果。

五、数据记录与处理

1. 导出比表面积数据，作出材料的吸脱附曲线图。
2. 分析钴酸锂颗粒的比表面积数值及所属吸脱附曲线类型。

六、思考题

1. 在实验过程中影响 BET 测试比表面积大小的因素有哪些？
2. 催化剂的比表面积对催化剂的性能有哪些影响？试述具有大比表面积催化剂的优势。

实验二十二　扫描电子显微镜表征钴酸锂微米尺度颗粒

一、实验目的

1. 了解扫描电子显微镜的基本结构和工作原理；
2. 掌握扫描电子显微镜样品的制备方法；
3. 掌握扫描电子显微镜的操作方法。

二、实验原理

扫描电子显微镜（scanning electron microscope，SEM）简称为扫描电镜。扫描电镜是用细聚焦的电子束轰击样品表面，通过电子与样品相互作用产生的二次电子、背散射电子等对样品表面或断口形貌进行观察和分析。现在 SEM 都与能谱（EDS）组合，可以进行成分分析。所以，SEM 也是显微结构分析的主要仪器，已广泛用于材料、冶金、矿物、生物学等领域。

1. 扫描电子显微镜的基本结构

扫描电镜（图1）可分为电子光学系统（镜筒）、扫描系统、信号检测放大系统、图像显示和记录系统、真空系统、电源控制系统六大部分。

电子光学系统：由电子枪、聚光镜、光阑和样品室等部件组成。它的作用是将来自电子枪的电子束聚焦成亮度高、直径小的入射束（直径一般为10nm或更小）来轰击样品，使样品产生各种物理信号。

扫描系统：扫描系统是扫描电镜的特殊部件，由扫描发生器、扫描线圈、放大倍率变化器组成，可以使入射电子束在样品表面扫描，并使阴极射线显像管电子束在荧光屏上作同步扫描；改变入射光束在样品表面的扫描振幅，从而改变扫描像的放大倍数。扫描电镜的放大倍数基本取决于显像管扫描线圈电流与镜筒中扫描线圈电流强度之比。样品上被扫描区域的宽度不仅取决于电子束的偏转角度，也与样品离光阑的位置或工作距离有关。电子束在样品表面有两种扫描方式：(1) 进行形貌分析时，采用光栅扫描，即通过上下两组线圈的作用，电子束通过二次偏转后，在末级光阑中心与轴相交并进入透镜场区，对样品进行扫描。(2) 若下扫描线圈不起作用，而直接由末级透镜折射到入射点位置，这种扫描叫角光栅扫描。主要用于电子通道花样分析。

信号检测放大系统：信号收集和显示系统包括各种信号检测器、前置放大器和显示装置，其作用是检测样品在入射电子作用下产生的物理信号，然后经视频放大，作为显像系统的调制信号，最后在荧光屏上得到反映样品表面特征的扫描图像。检测二次电子、背散射电子和透射电子信号时可以用闪烁计数器，随检测信号不同，闪烁计数器的安装位置不同。闪烁计数器由闪烁体、光导管和光电倍增器组成。当信号电子进入闪烁体时，产生光子，光子将沿着没有吸收的光导管传送到光电倍增器进行放大，后又转化成电流信号输出，电流信号经视频放大器放大后就成为调制信号。由于镜筒中的电子束和显像管中的电子束是同步扫描，荧光屏上的亮度是根据样品上被激发出来的信号强度来调制的，而由检测器接收的信号强度随样品表面状态不同而变化，由信号检测系统输出的反映样品表面状态特征的调制信号在图像显示和记录系统中就转换成一幅与样品表面特征一致的放大的扫描像。

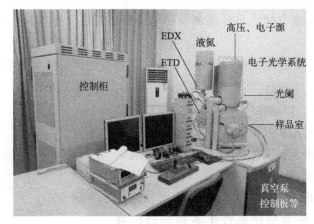

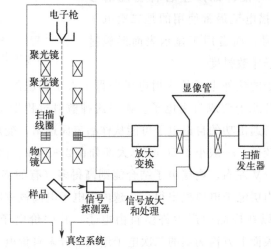

图1 扫描电子显微镜的基本结构

图像显示和记录系统：将信号收集器输出的信号成比例地转换为阴极射线显像管电子束强度的变化，在荧光屏上得到一幅与样品扫描点产生的信号成正比的亮度变化的扫描像，同时用照相方式记录下来，或用数字化形式存储于计算机中。

真空系统：建立能确保电子光学系统正常工作、防止样品污染所必须的真空度，同时可以保证灯丝的工作寿命。两部分：电子枪部分要求高，如场发射要优于 5×10^{-7} Pa；样品室根据不同测试条件有低真空、高真空、环扫等。

电源控制系统：由稳压、稳流及相应的安全保护电路所组成，其作用是提供扫描电子显微镜各部分所需要的电源。

2. 扫描电子显微镜的工作原理

扫描电子显微镜以扫描电子束作为照明源，通过入射电子与物质相互作用所产生的各种信息来传递物质结构的特征。入射电子与物质相互作用是扫描电子显微镜成像和应用的物理基础。

扫描电子显微镜利用细聚焦电子束在样品表面逐点扫描，与样品相互作用产生各种物理信号，这些信号经检测器接收、放大并转换成调制信号，最后在荧光屏上显示反映样品表面各种特征的图像。扫描电镜具有景深大、图像立体感强、放大倍数范围大、连续可调、分辨率高、样品室空间大且样品制备简单等特点，是进行样品表面研究的有效分析工具。

扫描电镜采用的是逐点成像的图像分解法，扫描电镜所需的加速电压比透射电镜要低得多，一般约在 1～30 kV，实验时可根据被分析样品的性质适当选择，最常用的加速电压约在 20 kV 左右。扫描电镜的图像放大倍数在一定范围内（几十倍到几十万倍）可以实现连续调整，放大倍数等于荧光屏上显示的图像横向长度与电子束在样品上横向扫描的实际长度之比。扫描电镜的电子光学系统与透射电镜有所不同，其作用仅仅是提供扫描电子束，作为使样品产生各种物理信号（图 2）的激发源。扫描电镜最常使用的是二次电子信号和背散射电子信号，前者用于显示表面形貌衬度，后者用于显示原子序数衬度。

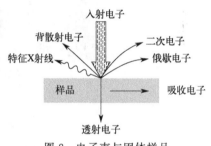

图 2　电子束与固体样品相互作用时产生的物理信号

二次电子：当原子的核外电子从入射电子获得了大于相应的结合能（临界电离激发能）的能量后，可离开原子变成自由电子。如果这种散射过程发生在比较接近样品的表层，那些能量大于材料逸出功的自由电子可能从样品表面逸出，变成自由电子，即二次电子。二次电子能量比较低，一般小于 50 eV，大部分在 2～3 eV。由于价电子结合能很小，对于金属来说，在 10 eV 左右。内层电子结合能则高得多（有的甚至高达 10 keV 以上），相对于价电子来说，内层电子电离概率很小，越内层电子电离概率越小。一个高能入射电子被样品吸收时，可以在样品中产生许多自由电子，其中价电子电离约占电离总数的 90%。所以，在样品表面上方检测到的二次电子绝大部分来自价电子电离。

背散射电子：被固体样品中原子反射回来的一部分入射电子，约占入射电子总数的 30%，主要由两部分组成：被样品表面原子反射出来的入射电子，即弹性背散射电子；进入样品后的部分入射电子在与原子核、核外电子发生多次各种非弹性散射，能量大于样品表面逸出功的入射电子，即非弹性背散射电子。背散射电子对样品的原子序数十分敏感，当电子束垂直入射于样品时，背散射电子的产额随原子序数增大而增大。基于背散射电子的产额与原子序数 Z 的关系，以背散射电子信号调制图像的衬度可以定性地反映出样品微区的成分分布和表面形貌。背散射电子一般来自距表面几百纳米的深度范围。利用背散射电子的衍射信息还可以研究样品的晶体学特征，这也是扫描电镜的一个重要发展方向。

特征 X 射线：当样品中原子的内层电子受入射电子的激发电离时，原子则处于能量较高的激发态，此时外层电子将向内层电子的空位跃迁，并以辐射特征 X 射线光子或发射俄歇电子的方式释放多余的能量。

3. 扫描电子显微镜的特点

（1）分辨本领强。其分辨率可达 1 nm 以下，介于光学显微镜的极限分辨率（200 nm）和透射电镜的分辨率（0.1 nm）之间。

（2）有效放大倍率高。光学显微镜的最大有效放大倍率为 1000 倍左右，透射电镜为几百倍到 80 万倍，而扫描电镜可从数十倍到 20 万倍，聚焦后，无需重新聚焦。

（3）景深大。其景深比透射电镜高一个量级，可直接观察断口形貌、松散粉体，图像立体感强；改变电子束的入射角度，对同一视野可进行立体观察和分析。

（4）制样简单。对于金属试样，可直接观察，也可抛光、腐蚀后再观察；对陶瓷、高分子等不导电试样，需在真空镀膜机中镀一层金膜后再进行观察。

（5）电子损伤小。电子束直径一般为 3 纳米到几十纳米，强度约为 $10^{-11} \sim 10^{-9}$ mA，远小于透射电镜的电子束能量，加速电压可以小到 0.5 kV，且电子束在试样上是动态扫描，并不固定，因此电子损伤小，污染轻，尤其适合高分子试样。

（6）实现综合分析。扫描电镜中可以同时组装其他观察仪器，如波谱仪、能谱仪等，实现对试样的表面形貌、微区成分等方面的同步分析。

三、实验仪器试剂

试剂：钴酸锂正极（待测试样品）、导电胶（液态）。

耗材：乳胶手套、导电胶（固态：铜胶、碳胶）、无静电镊子、样品台、氮气枪、洗耳球。

仪器设备：扫描电子显微镜（型号：Nova 200 NanoSEM）、喷金仪、烤灯。

四、实验步骤

1. 样品制备

（1）样品类型

① 样品形态：明确样品的形态，例如固体、液体、粉末或薄片等。

② 样品尺寸：明确样品的尺寸信息，包括长度、宽度和厚度等。

（2）样品准备

① 样品表面处理：确保样品表面干净、平整且不受损，可以采用适当的清洁方法，如超声波清洗、溶剂清洗或气体吹扫等。

② 导电性处理：对于非导电样品，如生物样品或绝缘材料，需要进行导电性处理，常见的方法包括金属喷镀、碳喷镀或导电胶涂覆等。

（3）样品固定

① 支撑基底：将样品固定在适当的支撑基底上，如 SEM 样品架、SEM 粘贴带或导电碳胶等，确保样品与基底之间的连接牢固而稳定。

② 粒子样品：对于粉末或颗粒状样品，确保在基底上均匀分布，并尽量避免粒子堆积或聚集。

2. 仪器操作流程

（1）块状样品：尺寸不宜过大（形状不规则的样品应咨询管理老师如何测试），用铜导电胶。粉末样品：需碳导电胶，用牙签制样，尽可能少量，并用洗耳球吹掉粘贴不牢的粉末样品。

做好样品后，把导电胶等放入抽屉，并收拾好桌面。

（2）测试样品时需换鞋套，请同学们注意保持实验室卫生，实验完毕后将鞋套放回鞋架。

（3）观察屏幕右下角"Status"栏里的参数是否正常，尤其是 Emission Current 值是否正常。测试前应在 SEM 记录本上记录 IGP1、IGP2 和 Emission Current 的值，每次实验要在实验记录本上记录如下信息：时间，样品名称，数量，测试人姓名，仪器是否正常。

（4）未测试前系统处于"Pump"状态（黄色），按"Vent"键往样品室充高纯氮（变黄色），约 2 分钟后"Vent"键变灰色，可以轻轻缓慢地拉开样品室的门（如果打不开，马上联系管理人员）。

（5）将附有样品的铝台，用洗耳球吹干净，并放入。放置样品时切忌对着样品室说话，需使用镊子或戴手套操作，样品室的门不能打开太久，以保证样品室的清洁。（正常操作：右手握住带有样品的镊子，左手轻轻拉开门，马上把样品放置在支架（Holder）上，并立刻用左手"轻推"，右手扶住样品室门正上端边缘的中间部位，双手配合，以防止门和电镜系统接触时有过大的碰撞）

（6）放好样品后，轻轻将样品室门推入，将右手指放在门上接触迭缘缝隙处，左手点击"Pump"，当右手指感觉到门缝渐渐变紧时说明泵抽气正常。等待操作界面右下角"Chamber Presure"优于 6×10^{-3} Pa 时，设置好高压和 Spot 的值，方可点击"High Voltage"加上高压。放大倍数大于 $800\times$，聚焦清楚才能升高样品台。建议分两步，比如第一次，Z 轴为 15 mm，第二次 6.5 mm。（注意：模式二放大倍数需要达到 $3000\times$，样品台高度大于 7 mm，才能切换）

（7）鼠标左键选择一个成像窗口，点击"｜｜"钮去掉窗口锁定，点击方框钮，选定一个合适大小的区域聚焦和消散像。聚焦：按鼠标右键左右拖动至最清晰的位置。消像散：等聚焦好后，按住 Shift 键并按下鼠标右键上下左右调图像最清晰。左手放在小键盘"－，＋"键上，以便及时放大缩小图像。每次聚焦图像清晰后，都必须点击"Link Z to FWD"按钮，建立 Z 轴高度与焦距的关联（点击该键后，如果在 CCD 窗口拉动样品的高度，则在扫描窗口下端任务栏里的 WD（工作距离）值随之变化，如果不点击该键，则 WD 值不准，无法判断高度；每次聚焦后都必须点击该键）。按"Snapshot"钮拍照（根据需求加大或者减小拍照速度）。将照片存储在文件夹下（刚开点"Save as"时，可能响应很慢，需耐心等待）。使用 F5 键切换窗口"最大/还原"。

（8）做完测试后，先卸高压，听到"噗"的一声，点击 Vent 等待大约 2 分钟后，该按钮从黄色变灰色，轻轻拉开门取出样品，并关闭门，将样品台移至中心，点击"Pump"。最后做完测试的同学，务必使样品室处于"Pump"状态。

3. 仪器注意事项

（1）制备样品时，要保证放入样品室的样品干燥、清洁，尤其不能附带油性物质，不能用手直接触摸样品或者样品夹上的样品端。经长时间使用，铝台较脏时，则应用乙醇或丙酮超声处理清洗铝台。

（2）保证手没有直接碰触放入 SEM 系统的任何样品、配件（因手上油脂影响真空度）。

（3）每次制样完毕，收拾制样桌面，并把工具和实验耗材放回原处。

（4）严禁测试磁性样品。

（5）为了保证电镜室的洁净，进电镜室必须更换拖鞋。

（6）点击"Vent"后，如果打不开样品室的门，切忌用力拉，应确认是否还有足够的氮气。如果氮气压力不够，联系管理人员，切忌自己操作减压阀。

（7）做 SEM 时，务必戴一次性手套，需要适当地固定样品，注意销钉不要太紧，取出样品时，要先松开销钉，再取样品。

（8）样品放入样品室后，轻轻推门至接触，应将手指放在接触的缝隙，确保样品室密闭，方可点击"Pump"。

（9）做好样品，点击"Vent"后，取出样品，再抽真空（Pump），并把样品台移到正中间，务必确认抽上真空方可离开（点击 Pump 后，观察无异常后方可离开）。

五、实验数据记录与处理

对钴酸锂样品，使用扫描电子显微镜进行不同放大倍数下的测试拍照，测量尺寸，并保存照片。

六、分析与思考

1. 进行扫描电子显微镜测试时，如果样品不导电，需要对样品进行哪些预处理？
2. 扫描电子显微镜的特点是什么？

实验二十三 透射电子显微镜表征钴酸锂纳米尺度颗粒

一、实验目的

1. 了解透射电子显微镜的成像原理。
2. 了解透射电子显微镜仪器的关键组成部件并熟悉其用途；
3. 通过对钴酸锂样品的表征掌握透射电子显微镜的基本操作和常规应用。

二、实验原理

透射电子显微镜（transmission electron microscope，TEM）常简称为透射电镜，是采用波长更短的电子束作为照明源，电磁透镜作为成像透镜的一类高分辨分析仪器。灯丝经加热后发射电子束，该电子束经栅极汇聚和阳极加速后作为透射电镜的照明源，再经过聚光镜的进一步会聚照射在样品上，透过样品的电子束就带有样品的结构信息，该电子束经过物镜、第一中间镜、第二中间镜、投影镜的多级放大，最后在荧光屏上呈现出样品超微结构的图像。透射电镜放大倍数是各级成像透镜放大倍数的乘积，可达上百万倍，具有分辨原子尺度的能力，目前最先进的透射电镜分辨率已达 0.05 nm。世界上第一台透射电子显微镜是鲁斯卡于1936年发明的，他与发明扫描隧道显微镜的科学家一起获得了1982年的诺贝尔物理学奖。

透射电子显微镜的主能功能：材料的形貌、内部组织结构和晶体缺陷的观察；材料物相鉴定，包括晶胞参数的电子衍射测定；高分辨晶格和结构观察；纳米微粒和微区的形态、大小及化学成分的点、线和面元素定性定量和分布分析。

透射电镜所观察的样品要求为非磁性的稳定样品，包括复型样品，金属薄膜和粉末试样，玻璃薄膜和粉末试样，陶瓷薄膜和粉末试样等。

1. 透射电子显微镜的基本结构

透射电子显微镜主要由电子光学系统（镜筒）、真空系统、电源和控制系统三大部分组成。

电子光学系统：电子光学系统通常称为镜筒，是透射电子显微镜的核心，它又可以分为照明系统、成像系统和观察记录系统三部分。电子光学系统是电镜的核心部分，其它系统都是为电子光学系统服务或在此基础上发展起来的辅助设备。经典的 JEM-2100 透射电镜的主要组成部件从上往下依次为发射电子枪（电子枪室隔离阀以上部分）、双聚光镜、聚光镜光阑、样品室、物镜、物镜光阑、选区光阑、中间镜、投影镜、观察室、荧光屏和照相室。JEM-2100 透射电镜可通过两个隔离阀把这三个区域彼此分开。虽然透射电镜产品更新升级较快，设备分辨本领越来越高，但就电子光学系统而言，基本结构仍没有很大的变化。较大的变化就是使用较高亮度的场发射电子枪、减小色散的单色器、消除电磁透镜球差的球差校正器以及记录系统的数字化设备等。

照明系统：由电子枪与聚光镜组成，作用是产生高强度、高稳定度的电子束。

成像系统：由样品室、物镜、中间镜及投影镜组成，作用是将透过样品的电子束经过多级放大，在下面的荧光屏上形成最终放大像。总的放大倍数是物镜、中间镜、投影镜放大倍数的乘积，即：

$$M_{总}=M_{物}\times M_{中1}\times M_{中2}\times M_{投}$$

图像观察与记录系统：由观察室和照相室或 CCD 系统组成。最终图像可以在荧光屏上直接观察，也可通过下面的照相室或 CCD 将图像保存下来。

真空系统：为保证电镜正常工作，要求电子光学系统处于真空状态下。电镜的真空度一般应保持在 10^{-5} Torr（1 Torr=133.322 Pa），这就要求将机械泵和油扩散泵两级串联。目前的透射电镜增加一个离子泵以提高真空度，真空度可高达 133.322×10^{-8} Pa 或更高。

供电系统：供电系统主要提供两部分电源：一是用于电子枪加速电子的小电流高压电源；二是用于各透镜激磁的大电流低压电源。目前先进的透射电镜多已采用自动控制系统，其中包括真空系统操作的自动控制、从低真空到高真空的自动转换、真空与高压启闭的连锁控制，以及用微机控制参数选择和镜筒合轴对中等。

2. 透射电子显微镜的工作原理

透射电子显微镜电子光学系统的工作原理可以用普通光学成像原理（图 1）进行描述：平行光照射到一个光栅或周期物样上时，将产生各级衍射，在透镜的后焦面上出现各级衍射分布，得到与光栅或周期物样结构密切相关的衍射谱；这些衍射又作为次级波源，产生的次级波在高斯像面上发生干涉叠加，得到光栅或周期物样倒立的实像。后焦面上的衍射斑（透射斑视为零级衍射斑）作为光源产生次波干涉，在透镜的像平面上出现一个倒立的实像。如果在像平面放置一个屏幕，则可在屏幕上看到这个倒立的实像。

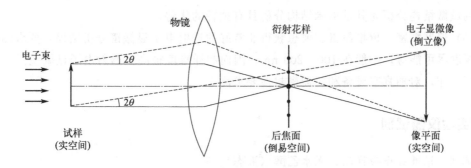

图 1　利用光学透镜表示电子显微像成像过程的光路图

透射电镜的成像衬度分为质厚衬度、衍射衬度和相位衬度。

① 质厚衬度是基于非晶试样中各部分厚度和密度差别导致对入射电子的散射程度不同而形成的衬度。

② 衍射衬度是基于晶体薄膜内各部分满足衍射条件的不同而形成的衬度。根据衍射衬度原理形成的电子图像称为衍衬像。在实验中，既可以选择特定的像区进行电子衍射（选区

电子衍射），也可以选择一定的衍射束成像，称为选择衍射成像。选择单光束用于晶体的衍衬像，选择多光束用于晶体的晶格像。若物镜光阑套住其后焦面的中心透射斑，形成的电子图像称为明场像，若物镜光阑套住其后焦面的某一衍射斑，形成的电子图像称为暗场像。

③ 相位衬度是衍射束和透射束或衍射束和衍射束由于物质的传递引起的波的相位的差别而形成的衬度。入射电子波照射到极薄试样上后，入射电子受到试样原子散射，分为透射波和衍射波两部分，它们之间相位差为 $\pi/2$。如果物镜没有像差，且处于正焦状态，透射波与衍射波相干结果产生的合成波振幅相同或相近，强度差很小，就不能形成衬度。如果引入附加的相位差，使散射波改变 $\pi/2$ 位相，则透射波与衍射波的振幅就有较大差别从而产生衬度，这种衬度称为相位衬度。常用方法是利用物镜的球差和散焦。在加速电压、物镜光阑和球差一定时，适当选择散焦量使这两种效应引起的附加相位变化是 $(2n-1)\pi/2$，$n=0$，1，2，…，就可以使相位差变成强度差，从而使相位衬度得以显示出来。

3. 透射电子显微镜的特点

（1）散射能力强。电子束的散射能力是 X 射线的一万倍，因而可以在很微小区域获得足够的衍射强度，容易实现微、纳米区域的加工与成分研究。原子对电子的散射能力远大于 X 射线的散射能力，即使是微小晶粒，亦可给出足够强的衍射信息。

（2）分辨率高。透射电子显微镜的分辨率已经接近 0.05 nm，因而可用来直接观察重金属原子像。

（3）束斑可聚焦。电子束可以实现聚束衍射，可获得三维衍射信息，有利于分析点群、空间群对称性。

（4）可实现对样品的成像和衍射分析。成像是指显示样品的正空间信息，可以直接观察结构缺陷、观察原子团（结构像）、原子（原子像）等。衍射是指显示样品的倒空间信息，获得明场、暗场像有利于样品结构缺陷分析，从结构像可能推出相位信息。

（5）可实现全部分析结果的数字化。数据的数字化便于计算机存储与处理，电子显微学与信息平台接轨是 X 射线晶体学的强有力补充，特别适合微晶、薄膜等显微结构分析，对于局域微结构分析尤其是纳米结构分析具有独特的优势。

（6）仪器精密，价格昂贵。要想获得非常好的透射电子显微镜分析结果，要求测试样品的厚度尽可能薄，一般在 100~200 nm。因而制样难度很高。透射电子显微镜需在真空条件下工作，对抽真空设备和仪器密封性要求高。

三、实验仪器试剂

试剂：钴酸锂正极样品、无水乙醇（液态）。
耗材：乳胶手套、TEM 铜网、镊子、移液枪、试样制备玻璃瓶（5mL）。
仪器设备：透射电子显微镜 [JEM-2100UHR 透射电子显微镜]、超声清洗器、烤灯。

四、实验步骤

1. 试样制备

用超声波分散器将需要观察的粉末在乙醇溶液中分散成悬浮液。用滴管滴几滴在覆盖有碳支持膜的电镜铜网上。待其干燥后，即成为电镜观察用的粉末样品。

2. 仪器操作流程

（1）将样品杆插入样品台（注意：勿忘选择样品杆型号）。

使样品杆上的螺丝对准镜筒沟槽处，将样品杆推入样品台直至推不动，听到一声响后将"Pump/AIR"（抽真空/通空气）按钮拨至"Pump"，此时黄灯亮起。待绿灯亮起后，先将样品杆顺时针旋转至转不动再推入样品台直至推不动，再顺时针旋转到底，再完全推入，等待黄灯熄灭。

（2）等待离子泵将真空度降至小于 5×10^{-5} Pa，打开 Beam。

（3）先在低倍放大模式（Low Mag）下检查样品，再换至高倍模式（Mag 1）。按下"STD Focus"键后，旋转仪表盘上的"Brightness"将光斑聚焦至最小，用 Z 轴在成像模式下消衍射斑点的方法聚焦样品。也可将旋转"Brightness"旋钮将光斑散开，按下"Wobbler X"键调 Z 轴使像衬度最弱。

（4）选择没有样品的区域检查照明系统合轴。

① 聚光镜光阑对中及消像散：放大倍数设置为 30～40 k，先逆时针旋转"Brightness"旋钮使光斑最小，并用"SHIFT"键将光斑调至屏幕中心；加 1 挡聚光镜光阑，顺时针旋转"Brightness"旋钮使光斑散开，调节光阑旋钮上的"X/Y"方向使光阑处于屏幕中心；反复调节使光斑同心扩大或缩小。聚拢电子束，按下"Cond Stig"，调节"DEF"，旋转"Brightness"旋钮使电子束斑的形状保持圆形。

② 调整 1～5 合轴：当调整 Spot Size 为 1 时，按下"F4"键，用"Shift"键将电子束调到屏幕中心；当调整 Spot Size 为 2～5 时，按起"F4"键，用"Shift"键将电子束调到屏幕中心；反复调节，直到 Spot Size 为"1～5"时电子束都在屏幕中心。

③ 调整静电中心（灯丝对中）：放大倍数设置为 400k，首先将电子束居中，点击"Anode Wobbler"键，按下"F4"键，调节"DEF"，使光斑同心收缩；当按起"Anode Wobbler"键时，光斑应该居中，若不居中，则用"Shift"将其调至居中；重复上述操作。

④ 电压中心粗调：放大倍数设置为 40k，使圆斑（调节"Shift"）和中心小亮点（按下"Bright Tilt"后调节"DEF"）重合。

（5）在样品区检查成像系统合轴。

① 电压中心细调：放大倍数设置为 400k，找样品上一特征位置放于荧光屏幕中心黑点处，将"Brightness"旋钮散弱，按下"Ht Wobbler"和"Bright Tilt"，调节"DEF"使光斑同心收缩，即参照的特征位置不变（用小望远镜观察）。

② 物镜消像散：放大倍数设置为 100k，找一非晶边缘，用 CCD 的"Live Fft"，按下"Objstig"，调节"DEF"，在过焦条件下使得中心斑呈圆形。

（6）用小望远镜调节"Focus"细聚焦样品（最好选择小孔处或在样品边缘处）。按 F1 键抬起荧光屏，用"CCD"拍照。

（7）看完一个样品后关"Beam"，勿忘样品回零，拔出样品杆直至拔不动，逆时针转到底，再拔出至拔不动，再逆时针转到底，将"Pump/Air"按钮向下拨至"Air"，等通入空气使样品腔内外压力相同时完全拔出样品杆。

(8) 当天调试结束后，对液氮进行"ACD"加热操作。

五、数据记录与处理

1. 使用透射电子显微镜对钴酸锂样品进行不同放大倍数下的样品形貌拍照，测量颗粒粒径。
2. 使用高放大倍数拍摄样品颗粒边缘较薄区域的晶格衍射条纹，测量晶格间距，与钴酸锂的 XRD 标准卡片进行对照，标注晶格衍射条纹对应的晶面指数。

六、分析与思考

1. 透射电子显微镜为什么不能测试带磁性的样品？
2. 透射电子显微镜测试可以获得样品的哪些信息？

实验二十四 光学显微镜表征二维铜基卤化物光敏材料

一、实验目的

1. 熟悉光学显微镜的基本结构和工作原理；
2. 掌握光学显微镜的操作方法。

二、实验原理

光学显微镜是生物科学和医学研究领域常用的仪器，它在细胞生物学、组织学、病理学、微生物学及其他有关学科的教学研究工作中有着极为广泛的用途，是研究人体及其他生物机体组织和细胞结构强有力的工具。

光学显微镜简称光镜，是利用光线照明使微小物体形成放大影像的仪器。目前使用的光镜种类繁多，外形和结构差别较大，有些类型的光镜有其特殊的用途，如暗视野显微镜、荧光显微镜、相差显微镜、倒置显微镜等，但其基本的构造和工作原理是相似的。

1. 光学显微镜的基本结构（图 1）

普通光学显微镜的构造主要分为三部分：机械部分、照明部分和光学部分。

（1）机械部分

1）镜座：是显微镜的底座，用以支撑整个镜体。

2）镜柱：是镜座上面直立的部分，用以连接镜座和镜臂。

3）镜臂：一端连于镜柱，一端连于镜筒，是取放显微镜时手握部位。

4）镜筒：连在镜臂的前上方，镜筒上端装有目镜，下端装有物镜转换器。

5）物镜转换器（旋转器）：接于棱镜壳的下方，可自由转动，盘上有 3~4 个圆孔，是安装物镜部位，转动转换器，可以调换不同倍数的物镜，当听到碰叩声时，方可进行观察，此时物镜光轴恰好对准通光孔中心，光路接通。

6）镜台（载物台）：在镜筒下方，形状有方、圆两种，用以放置玻片标本，中央有一通光孔，显微镜镜台上装有玻片标本推进器（推片器），推进器左侧有弹簧夹，用以夹持玻片标本，镜台下有推进器调节轮，可使玻片标本做左右、前后方向的移动。

7）调节器：是装在镜柱上的大小两种螺旋，调节时使镜台做上下方向的移动。

① 粗调节器（粗螺旋）：大螺旋称粗调节器，移动时可使镜台做快速和较大幅度的升降，所以能迅速调节物镜和标本之间的距离使物象呈现于视野中，通常在使用低倍镜时，先用粗调节器迅速找到物像。

② 细调节器（细螺旋）：小螺旋称细调节器，移动时可使镜台缓慢地升降，多在运用

高倍镜时使用,从而得到更清晰的物像,并借以观察标本的不同层次和不同深度的结构。

(2) 照明部分

装在镜台下方,包括反光镜、集光器。

1) 反光镜:装在镜座上面,可向任意方向转动,它有平、凹两面,其作用是将光源光线反射到聚光器上,再经通光孔照明标本,凹面镜聚光作用强,适合光线较弱的时候使用,平面镜聚光作用弱,适合光线较强时使用。

2) 集光器(聚光器):位于镜台下方的集光器架上,由聚光镜和光圈组成,其作用是把光线集中到所要观察的标本上。

① 聚光镜:由一片或数片透镜组成,起会聚光线的作用,加强对标本的照明,并使光线射入物镜内,镜柱旁有一调节螺旋,转动它可升降聚光器,以调节视野中光亮度的强弱。

② 光圈(虹彩光圈):在聚光镜下方,由十几张金属薄片组成,其外侧伸出一柄,推动它可调节其开孔的大小,以调节光量。

(3) 光学部分

1) 目镜:装在镜筒的上端,通常备有2～3个,上面刻有"5×"、"10×"或"15×"符号以表示其放大倍数,一般装的是"10×"的目镜。

2) 物镜:装在镜筒下端的旋转器上,一般有3～4个物镜,其中最短的刻有"10×"符号的为低倍镜,较长的刻有"40×"符号的为高倍镜,最长的刻有"100×"符号的为油镜,此外,在高倍镜和油镜上还常加有一圈不同颜色的线,以示区别。

显微镜的放大倍数是物镜的放大倍数与目镜的放大倍数的乘积,如物镜为"10×",目镜为"10×",其放大倍数就为 10×10＝100。

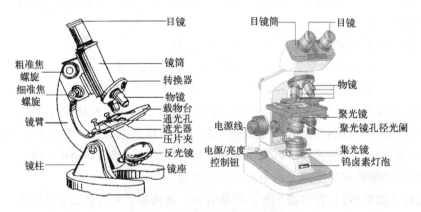

图1 光学显微镜的基本结构

2. 光学显微镜的工作原理

物镜和目镜都相当于一个凸透镜,由于被检标本是放在物镜下方的1～2倍焦距之间的,上方形成一倒立的放大实相,该实相正好位于目镜的下焦点(焦平面)之内,目镜进一步将它放大成一个虚像,通过调焦可使虚像落在眼睛的明视距离处,在视网膜上形成一个直立的实像。显微镜中被放大的倒立虚像与视网膜上直立的实像是相吻合的。

分辨力是光学显微镜的主要性能指标。分辨力（resolving power）也称为分辨率或分辨本领，是指显微镜或人眼在 25 cm 的明视距离处，能清楚地分辨被检物体细微结构最小间隔的能力，即分辨出标本上相互接近的两点间的最小距离的能力。显微镜的分辨力由物镜的分辨力决定，而与目镜的分辨力无关。光镜的分辨力(R)(R 值越小,分辨率越高)可以下式计算：

$$R=\frac{0.61\lambda}{n\sin\theta}$$

式中，n 为聚光镜与物镜之间介质的折射率（空气为 1，油为 1.5）；θ 为标本对物镜镜口张角的半角，$\sin\theta$ 的最大值为 1；λ 为照明光源的波长（白光约为 0.5 m）。放大率或放大倍数是光学显微镜性能的另一重要参数，一台显微镜的总放大倍数等于目镜放大倍数与物镜放大倍数的乘积。

三、实验仪器试剂

待测样品：二维铜基卤化物光敏材料。
耗材：乳胶手套、镊子、载玻片、擦镜纸。
仪器设备：光学显微镜。

四、实验步骤

1. 低倍镜的使用方法

（1）取镜和放置：显微镜平时存放在柜或箱中，用时从柜中取出，右手紧握镜臂，左手托住镜座，将显微镜放在自己左肩前方的实验台上，镜座后端距桌边 1～2 寸（1 寸＝0.033 米）为宜，便于坐着操作。

（2）对光：用拇指和中指移动旋转器（切忌手持物镜移动），使低倍镜对准镜台的通光孔（当转动听到碰叩声时，说明物镜光轴已对准镜筒中心）。打开光圈，上升集光器，并将反光镜转向光源，以左眼在目镜上观察（右眼睁开），同时调节反光镜方向，直到视野内的光线均匀明亮为止。

（3）放置玻片标本：取一玻片标本放在镜台上，一定使有盖玻片的一面朝上，切不可放反，用推片器弹簧夹夹住，然后旋转推片器螺旋，将所要观察的部位调到通光孔的正中。

（4）调节焦距：以左手按逆时针方向转动粗调节器，使镜台缓慢地上升至物镜距标本片约 5 mm 处，应注意在上升镜台时，切勿在目镜上观察。一定要从右侧看着镜台上升，以免上升过多，造成镜头或玻的损坏。然后，两眼同时睁开，用左眼在目镜上观察，左手顺时针方向缓慢转动粗调节器，使镜台缓慢下降，直到视野中出现清晰的物像为止。

如果物像不在视野中心，可调节推片器将其调到中心（注意移动玻片的方向与视野物像移动的方向是相反的）。如果视野内的亮度不合适，可通过升降集光器的位置或开闭光圈的大小来调节，如果在调节焦距时，镜台下降已超过工作距离（＞5.40 mm）而未见到物像，说明此次操作失败，则应重新操作，切不可心急而盲目地上升镜台。

2. 高倍镜的使用方法

（1）选好目标：一定要先在低倍镜下把需进一步观察的部位调到中心，同时把物像调节到最清晰的程度，才能进行高倍镜的观察。

（2）转动转换器，调换上高倍镜头，转换高倍镜时转动速度要慢，并从侧面进行观察（防止高倍镜头碰撞玻片），如高倍镜头碰到玻片，说明低倍镜的焦距没有调好，应重新操作。

（3）调节焦距：转换好高倍镜后，用左眼在目镜上观察，此时一般能见到一个不太清楚的物像，可将细调节器的螺旋逆时针移动约 0.5～1 圈，即可获得清晰的物像（切勿用粗调节器！）。

如果视野的亮度不合适，可用集光器和光圈加以调节，如果需要更换玻片标本时，必须顺时针（切勿转错方向）转动粗调节器使镜台下降，方可取下玻片标本。

五、仪器注意事项

（1）取用显微镜时，应一手紧握镜臂，一手托住镜座，不要用单手提拿，以避免目镜或其它零部件滑落。

（2）在使用镜筒直立式显微镜时，镜筒倾斜的角度不能超过 45°，以免重心后移使显微镜倾倒。在观察带有液体的临时装片时，以避免由于载物台的倾斜而使液体流到显微镜上。

（3）不可随意拆卸显微镜上的零部件，以免发生丢失损坏或使灰尘落入镜内。

（4）显微镜的光学部件不可用纱布、手帕、普通纸张或手指揩擦，以免磨损镜面，需要时只能用擦镜纸轻轻擦拭。机械部分可用纱布等擦拭。

（5）在任何时候，特别是使用高倍镜或油镜时，都不要一边在目镜中观察，一边下降镜筒（或上升载物台），以避免镜头与玻片相撞，损坏镜头或玻片。

（6）显微镜使用完后应及时复原。先升高镜筒（或下降载物台），取下玻片标本，使物镜转离通光孔。如镜筒、载物台是倾斜的，应恢复直立或水平状态。然后下降镜筒（或上升载物台），使物镜与载物台相接近。垂直反光镜，下降聚光器，关小光圈，最后放回镜箱中锁好。

（7）在利用显微镜观察标本时，要养成两眼同时睁开，双手并用（左手操纵调焦螺旋，右手操纵标本移动器）的习惯，必要时应一边观察一边计数或绘图记录。

六、实验数据记录与处理

对二维铜基卤化物样品，使用光学显微镜进行不同放大倍数下的测试拍照，测量尺寸。

七、分析与思考

1. 光学显微镜与扫描电子显微镜工作原理的区别是什么？
2. 如何对光学显微镜进行维护保养？

实验二十五　原子力显微镜表征二维铜基卤化物光敏材料

一、实验目的

1. 了解原子力显微镜的构造及工作原理；
2. 掌握原子力显微镜的测试方法及参数选取；
3. 应用原子力显微镜测试材料的粗糙度并进行厚度分析。

二、实验原理

1. 原子力显微镜

原子力显微镜（AFM）是一种可用来研究包括绝缘体在内的固体材料表面结构的分析仪器，它通过检测待测样品表面和一个微型力敏感元件之间的极微弱的原子间相互作用力来研究物质的表面结构及性质。将一个对微弱力极端敏感的微悬臂一端固定，另一端的微小针尖接近样品，这时它将与样品相互作用，作用力将使微悬臂发生形变或运动状态发生变化。扫描样品时，利用传感器检测这些变化，就可获得作用力分布信息，从而以纳米级分辨率获得表面结构信息。

2. AFM 的工作原理 （图 1）

将一个对微弱力极敏感的微悬臂一端固定，另一端有一微小的针尖，针尖与样品表面轻轻接触，由于针尖尖端原子与样品表面原子间存在极微弱的排斥力，通过在扫描时控制这种力的恒定，带有针尖的微悬臂将对应于针尖与样品表面原子间作用力的等位面而在垂直于样品的表面方向起伏运动。利用光学检测法或隧道电流检测法，可测得微悬臂对应于扫描各点的位置变化，从而可以获得样品表面形貌的信息。

图 1　AFM 工作原理示意图

3. AFM 的工作模式

（1）接触模式（Contact Mode）：作用力在斥力范围，力的量级为 $10^{-9} \sim 10^{-8}$ N，或 $1 \sim 10$ eV/A。可达到原子级分辨率。

（2）非接触模式（Non-Contact Mode）：作用力在引力范围，包括范德华力、静电力或磁力等。

(3) 轻敲模式（Tapping Mode）。通过探针轻敲样品表面以获取图像。

(4) Interleave模式（Interleave Normal Mode/Lift Mode）。利用多次扫描以获取样品高度及表面特性的信息。

(5) 力调制模式（Force Modulation Mode）。通过探针对样品施加周期性力以分析其机械性质。

(6) 力曲线模式（Force Curve Mode）。通过测量探针对样品的作用力随距离变化的曲线来研究材料力学特性。

4. AFM的构成（图2）

原子力显微镜可分成三个部分：力检测部分、位置检测部分、反馈系统。

(1) 力检测部分

在原子力显微镜（AFM）系统中，所要检测的力是原子与原子之间的范德华力。所以在本系统中用微悬臂来检测原子之间力的变化量。微悬臂有一定的规格，如：长度、宽度、弹性系数以及针尖的形状，依照样品的特性以及操作模式的不同选择不同类型的探针。

(2) 位置检测部分

在原子力显微镜（AFM）的系统中，当针尖与样品之间有了交互作用之后，会使得微悬臂摆动，所以当激光照射在微悬臂的末端时，其反射光的位置也会因为微悬臂摆动而有所改变，这就造成偏移量的产生。在整个系统中依靠激光光斑位置检测器将偏移量记录下并转换成电的信号，以供控制器作信号处理。

(3) 反馈系统

在原子力显微镜（AFM）的系统中，将信号经由激光检测器进入之后，在反馈系统中会将此信号当作反馈信号，作为内部的调整信号，并驱使通常由压电陶瓷管制作的扫描器做适当的移动，以保持样品与针尖保持合适的作用力。

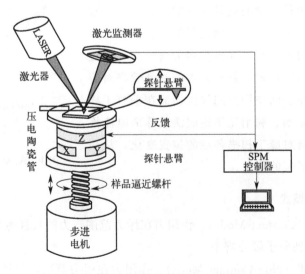

图2　AFM的主要构成

三、实验试剂与仪器

试剂：硅片、铜基卤化物光敏材料、探针。

耗材：乳胶手套、镊子、导电胶、洗耳球。

仪器设备：德国布鲁克 Dimension iCon 原子力显微镜。

四、实验步骤

1. 开机选择模式

（1）打开显微镜电源和控制电脑，进入软件界面。

（2）从菜单中选择适当的工作模式：

点击"ScanAsyst"，选择"ScanAsyst in Air"，然后点击"Load Experiment"，加载实验配置。

2. 装针及激光聚焦

（1）装针

打开探针盒并选取探针，查看探针盒背面，确定使用的针型号（通常使用弹性系数 $k=0.4\text{ N}\cdot\text{m}^{-1}$ 的探针），将探针安装在探针夹持器上，确保牢固。

（2）调激光

选择"Move to the Alignment Station"移动到校准位置。同时调整激光头上下两个旋钮以 SUM 值最大；然后调节左右两个旋钮调节"VERT"和"HORIZ"值，使其接近 0。

（3）聚焦

选择"Return from the Alignment Station"以返回原位，打开"Focus Controls"控制面板，上下移动探针，直至通过光学显微镜看到最清晰的探针图像。

3. 导航（Navigate）

手动将样品移到激光下，使激光对准样品；调整探针使其与样品表面的距离约为 1 微米；选择"Tip Reflection"，调节反射光以对准探针头；调整"Scan Head"，微调至样品清晰后，继续点击"Z Motor up"三次，直至看到虚像。

4. 检查参数（Check Parameters）

设置扫描参数："Scan Size"设为 500 nm；"X offset"设为 0 nm；"Y offset"设为 0 nm。

5. 扫描并成像（Engage）

开始扫描，监控成像进程；如果需要，根据样品情况调整"Scan Size"以获取清晰图像。成像清晰后，点击"Capture"保存图像。

6. 移除样品（Withdraw）

完成扫描后，抬起探针以防止损坏。重新设置扫描参数为："Scan Size"设为 500 nm；"X offset"设为 0 nm；"Y offset"设为 0 nm。随后，返回到 Navigate 模式。手动退出样品台，取出样品。

五、数据记录与处理

1. 导出 AFM 数据,作出样品 3D 图。
2. 分析二维铜基卤化物光敏材料的粗糙度与厚度。

六、分析与思考

1. 在实验过程中,影响 AFM 测试强度与精度的方法有哪些?
2. 为什么在微调至样品清晰后需要点三下"Z Motor up"直至看到虚像?

实验二十六　锂电池电解液成分碳酸丙烯酯的核磁共振氢谱测试

一、实验目的

1. 了解核磁共振的基本原理；
2. 了解布鲁克（Bruker）500 MHz 核磁共振波谱仪的使用方法；
3. 掌握碳酸丙烯酯核磁共振氢谱的分析方法。

二、实验原理

1. 核磁共振波谱法的基本原理

（1）原子核的自旋

自旋的分类：自旋量子数不为 0 的原子发生核磁共振。

核磁矩 μ：核磁矩与自旋角动量成正比且方向相同，自旋角动量与自旋量子数有关。自旋量子数不为 0 的原子核都有核磁矩，服从右手法则。

（2）原子核的自旋能级和共振吸收

磁性核在外加磁场中的自旋取向不是任意的，共有 $2I+1$ 个。核磁矩在外磁场空间作用下取向不是任意的，是量子化的称为空间量子化。不同取向的核具有不同能级，两者能级差随 H_0 增大而增大，这种现象称为能级裂分。

原子核的进动：拉莫尔进动，进动频率与外加磁场关系如下：

$$\nu = \frac{\gamma}{2\pi} H_0$$

共振吸收条件：当 $\nu_0 = \nu$ 时，产生共振，核会吸收射频能量由低能级跃迁到高能级，这个现象就是核磁共振；根据选律，跃迁只能发生在两个相邻能级间。

2. 核磁共振波谱仪

（1）仪器概括

核磁共振波谱仪利用不同元素原子核性质的差异分析物质，广泛用于化合物的结构测定、定量分析和动物学研究等方面。它与紫外、红外、质谱和元素分析等技术配合，是研究测定有机和无机化合物的重要工具。原子核除具有电荷和质量外，约有半数以上的元素的原子核还能自旋。由于原子核是带正电荷的粒子，它自旋就会产生一个小磁场。具有自旋的原子核处于一个均匀的固定磁场中，它们就会发生相互作用，结果会使原子核的自旋轴沿磁场中的环形轨道运动，这种运动称为进动。自旋核的进动频率 ω_0 与外加磁场强度 H_0 成正比，即 $\omega_0 = \gamma H_0$，式中 γ 为旋磁比，是一个以不同原子核为特征的常数，即不同的原子核各有其固有的磁旋比 γ，这就是利用核磁共振波谱仪进行定性分析的依据。从上式可以看出，如果自旋核处于一个磁场强度 H_0 的固定磁场中，设法测出其进动频率 ω_0，就可以求出磁旋比 γ，从而达到定性分析的目的。同时，还可以保持 ω_0 不变，测量 H_0，求出 γ，实现定性分析。核磁共振波谱仪就是在这一基础上，利用核磁共振的原理进行测量的。

（2）仪器主要配件

核磁共振波谱仪结构复杂，主要由三部分组成，即磁场系统、电子系统、操作平台，其主要结构组成如图 1 所示。

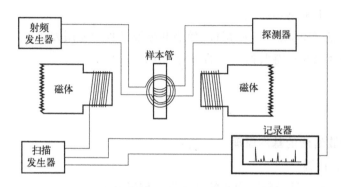

图 1　核磁共振波谱仪的基本结构

1）磁场系统

核磁共振波谱仪所用的磁体有三种：常导型磁体、超导型磁体、永磁体。常导型磁体因为磁场强度小，磁场均匀性受温度影响大，不常用于磁共振波谱分析。为了使磁体的磁场趋于均匀，常使用匀场线圈。

① 匀场线圈是带电的线圈，产生小的磁场以部分调节磁体磁场的不均匀性。匀场线圈可以是常导型的也可以是超导型的，为了使磁体的磁场强度趋于均匀，可采用被动的方法（贴补金属小片）和主动的调整。

② 超导型磁体的激磁导线由超导材料制成，其主要特点为：场强大，磁场稳定且均匀，不受外界温度的影响；可用于核磁共振波谱分析，还可以用于核磁共振血管造影；磁场强度可调节；需要使用昂贵的冷却剂，日常维护费用较高；制作工艺相对复杂，造价较高。

③ 永磁型磁体是由许多块铁磁性材料组合而成，核磁共振波谱分析仪的开放型永磁体模块，可以解决现有核磁共振波谱分析仪器采用的超导磁体存在的体积和质量较大、维护成本较高的问题。

2）电子系统

① 射频发生器由发射器、功率放大器和发射线圈组成。射频脉冲是诱发磁共振现象的主导因素，发射的脉冲频率与主磁体产生的静磁场正交，发射的脉冲频率也需与静磁场强度相匹配。

② 接收部分由接收线圈和低噪声信号放大器组成。探测器接收的信号传送预放大器，增加信号强度，可降低后处理过程中的信噪比。然后传至位相敏感检测器进行调节，从信

号中减去接近 larmor 频率的无关波形，经计算机处理并转化为核磁共振谱图。

3）操作平台

又名工作站，是向仪器发送指令和接受电子系统数据的终端设备。

3. 化学位移简介

（1）屏蔽效应

屏蔽效应：核外电子及其他因素对抗外加磁场的现象称为屏蔽效应。

（2）化学位移

化学位移：由于屏蔽效应的存在，不同化学环境的氢核的共振频率不同，这种现象称为化学位移，用核磁共振频率的相对差值表示。

（3）化学位移的影响因素

① 内部因素（分子结构因素）：局部屏蔽效应、磁各向异性、杂化效应。

局部屏蔽效应：氢核核外成键电子云产生的抗磁屏蔽效应，与氢核附近基团或原子的吸电子或供电子作用有关。

磁各向异性或远程屏蔽效应：化学键尤其是 π 键，因电子流动产生诱导磁场通过空间效应影响到邻近氢核（各种化学键的磁各向异性效应）。

② 外部因素：分子间氢键、溶剂效应。

氢键影响：氢键对质子影响非常敏感，氢键使化学位移增大。

三、本实验试剂和仪器

试剂：碳酸丙烯酯（99.7%）、氘代氯仿（纯度大于98%）、四甲基硅烷（TMS）、4,4-二甲基-4-硅代戊磺酸钠（DSS）。

耗材：乳胶手套、一次性滴管、核磁管、封口膜等。

仪器设备：核磁共振波谱仪。

四、实验步骤

1. 碳酸丙烯酯核磁样品的制备

（1）用一次性滴管取碳酸丙烯酯约 0.2 mL，加入到干燥的内径 0.5 mm 核磁管内。

（2）向核磁管内加入 0.8 mL 氘代氯仿，混合均匀后密封好核磁管。

（3）将核磁管插入转子内，用量规调整至合适高度。

（4）将转子放置于自动进样器上。

2. 核磁共振氢谱实验

（1）打开 BSMS 键盘上"life"按钮，取出原样品，再关掉 BSMS 键盘上"life"按钮。

（2）装好待测样品，打开"life"按钮，将样品垂直放入仪器中，关掉"life"按钮。

（3）键入"edc"命令，建立新文件。输入样品名、实验号、操作者名字、选择相应的溶剂。

(4) 键入"edhead"命令，选择试验所用的探头（BBO/TXI）。（注：不用每次选择）

(5) 键入"rpar"命令，读标准参数。氢谱选"proton"。

(6) 键入"lockdisp"命令，显示锁场界面。（注：操作中该窗口不用关闭，下次进样该命令不用再次输入）。键入"lock"命令，选择所用溶剂，即可自动锁场。

(7) 匀场。先旋转样品，按"spin"按钮。梯度匀场（自动）：输入"gradshim"命令。进入该界面，按"start"按钮即可。匀场完毕，按"OK"图标。（注：gradshim 界面不用关闭，下次操作不用再次键入该命令，只需按"start"按钮）

手动匀场：按键盘上"lock gain"按钮，将信号旋转到最上格。再按"STAND BY（停止）"和"FINE（微调）"。按"Z1"，旋转到一定位置不再降低，再按"Z1"和"STAND BY"。再按"Z2"调到不再降低，按"Z2"和"STDBY"。不旋转时调 X 轴和 Y 轴。按"X+Z0"，调到最高。再按"Y+Z0"，调到最高。输入一个新的匀场文件中。键入"wsh"命令，在"filename"中命名，按"write"结束该窗口。

(8) 设置频率参数：键入"gpro"或"getprosol"命令，自动设置参数。可以键入"ased"命令，读取详细参数（可不操作）。可对采样次数 NS 项进行修改。[H]谱一般采样 8 次即可。

(9) 调探头（调谐，匹配）：先按 spin 关掉旋转按钮，键入"atmm"命令，手动调节。（也可输入"atma"命令，自动调节，但使用较少）

(10) 自动调节接收机增益：键入"rga"命令。（注：接收机增益值 RG 中[H]谱的 RG<1K，[C]谱的 RG>1K，接收机如有不适，可通过修改衰减时间 DE 值进行调整）

(11) 按键"spin"，使样品旋转。

(12) 采样：键入"zg"命令或按"开始"按钮，即开始自动采样。

(13) 傅立叶变换：键入"fp"命令（注：因[H]谱显示灵敏度比较高，所以无需加 e 再进行灵敏度校正，且键入"efp"会使峰形变宽）

(14) 调相位：键入"apk"命令，自动调节。

(15) 调基线：键入"abs"命令，也可手动调节，但一般比较少用。

(16) 校正化学位移：可用 TMS 值来校正 0 点。点击图标，右击鼠标设置为 0。或输入"edlock"命令，在 Distance 中查询溶剂峰对应值，用溶剂峰来进行校正。

(17) 选定峰范围：键入"pp"命令或点击图标或选择菜单"Analysis"中的"peak picking"选项，选定需要的峰范围，然后按"返回"按钮。

(18) 积分：键入"int"命令或点击图标或选择菜单"Analysis"中的"intergratation"选项。积分完毕，按"保存"退出。

(19) 画图：键入"xwinplot"命令。编辑图表，右击鼠标选"edit"。修改图形，右击鼠标选"1D/2D edit"，选择完先点"apply"再点"OK"。

(20) 如要关闭程序，可键入"kill"命令，在弹出的对话框中删掉想关闭的程序即可。

五、数据记录与处理

根据所测数据分析碳酸丙烯酯氢谱（图2）。

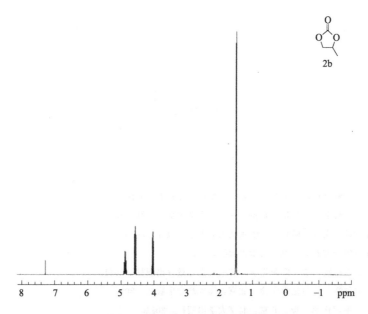

图 2 碳酸丙烯酯的典型氢谱图

六、分析与思考

1. 在化学位移 4.0~4.8 间为什么有两组 3 重峰？
2. 氢核磁共振中，为什么把四甲基硅烷作为标准物质？
3. 影响氢谱化学位移的因素有哪些？

参考文献

[1] 傅献彩，侯文华．物理化学．6版．北京：高等教育出版社，2022．

[2] 魏杰，白同春，柳闽生．物理化学实验．南京：南京大学出版社，2018．

[3] 马玉林．电化学综合实验．哈尔滨：哈尔滨工业大学出版社，2019．

[4] 王舜．物理化学组合实验．北京：科学出版社，2011．

[5] 庞欢，胡俊华，朱利敏，等．能源化学．北京：高等教育出版社，2021．

[6] 庞欢，陈铭，鞠剑峰．能源化学实验．北京：高等教育出版社，2023．

[7] 宿辉，白青子．物理化学实验．北京：北京大学出版社，2011．

[8] 廷鲁，邹美帅，鲁德凤．X射线光电子能谱数据分析．北京：北京理工大学出版社，2022．

[9] 钟家湘．比表面及孔径分析知识解答．北京：化学工业出版社，2006．

[10] 张强．原子力显微镜原理与操作．南京：南京大学出版社，2018．

[11] 格林（Martin A. Green）等．太阳能电池工作原理、技术和系统应用．狄大卫，曹昭阳，李秀文，等译，上海：上海交通大学出版社，2010．

[12] 朴南圭（Nam-Gyu Park），迈克尔·格兰泽尔（Michael Glanzel），宫坂力（Tsuyoshi Miyazaka）．有机无机卤化物钙钛矿太阳能电池：从基本原理到器件．毕世青，译．北京：化学工业出版社，2020．

[13] 衣宝廉．燃料电池—高效、环境友好的发电方式．北京：化学工业出版社，2000．

[14] 许世森．燃料电池发电系统．北京：中国电力出版社，2006．

[15] 钟家湘．比表面及孔径分析知识解答．北京：化学工业出版社，2006．

[16] 余焜．材料结构分析基础．2版．北京：科学出版社，2016．

[17] 郭立伟．现代材料分析测试方法．北京：北京大学出版社，2014．

[18] 章晓中．电子显微分析．北京：清华大学出版社，2006．

[19] 唐伟忠．薄膜材料制备原理、技术及应用．2版．北京：冶金工业出版社，2013．

[20] 余家国，曹少文，朱必成，等．光催化材料的制备科学．北京：科学出版社，2023．

[21] 朱永法，姚文清，宗瑞隆．光催化：环境净化与绿色能源应用探索．北京：化学工业出版社，2015．

[22] 刘振海，陆立明，唐远旺．热分析简明教程．北京：科学出版社，2012．

[23] 隋升，李冰，屠恒勇，等．水电解制氢技术新进展及应用．上海：上海交通大学出版社，2023．

[24] 周玉，武高辉．材料分析测试技术．哈尔滨：哈尔滨工业大学出版社，1998．

[25] 朱和国，尤泽升，刘吉梓．材料科学研究与测试方法．5版．南京：东南大学出版社，2018．

[26] 威廉（David B. Williams），卡特（C. Barry Carter）．透射电子显微学．李建奇，等译．北京：高等教育出版社，2019．

[27] 王培铭，许乾慰．材料研究方法．北京：科学出版社，2017．

[28] 孟辉，沈韩，崔新图，等．质子交换膜燃料电池膜电极组件及单电池的制作和运行．实验技术与管理，2010，27：70．

[29] 黄飞 梁松苗 吴宗策 等．固态电解质的研究进展及其优化策略．矿冶，2024，2：2．

[30] Hu D, Chen L, Tian J, et al. Research Progress of Lithium Plating on Graphite Anode in Lithium-Ion Batter-

ies. Chinese Journal of Chemistry, 2021, 39: 165.

[31] Zhao S, Wei S, Liu R, et al. Cobalt carbonate dumbbells for high-capacity lithium storage: A slight doping of ascorbic acid and an enhancement in electrochemical performances. Journal of Power Sources, 2015, 284: 154.

[32] Kim JY, Lee JW, Jung HS et al. High efficiency perovskite solar cells. Chemical Reviews. 2020, 120: 7867.

[33] Cao X, Kang Y, Zhuang D et al. Improved Photovoltaic Performance of Inverted Two-Dimensional Perovskite Solar Cells via a Simple Molecular Bridge on Buried Interface. Langmuir, 2024, 40: 4236.

[34] Hui W, Chao L, Lu H et al. Stabilizing black-phase formamidinium perovskite formation at room temperature and high humidity. Science 2021, 371: 1359.

[35] Wang Y, Wang C, Li M, et al. Nitrate electroreduction: mechanism insight, in situ characterization, performance evaluation, and challenges. Chemical Society Reviews, 2021, 50: 6720.

[36] Sharma P, Mukherjee D, Sarkar S, et al. Pd doped carbon nitride ($Pd-g-C_3N_4$): an efficient photocatalyst for hydrogenation via an $Al-H_2O$ system and an electrocatalyst towards overall water splitting. Green Chemistry, 2022, 24 (14): 5535-46.

[37] Zhang Y, Hu L, Zhou H, et al. NIR photothermal-enhanced electrocatalytic and photoelectrocatalytic hydrogen evolution by polyaniline/SnS_2 nanocomposites. ACS Applied Nano Materials, 2022, 5: 391.

[38] Ampelli C, Passalacqua R, Perathoner S, et al. Development of a TiO_2 nanotube array-based photo-reactor for H_2 production by water splitting. Chemical Engineering Transactions, 2011, 24: 187.

[39] Seger B, Pedersen T, Laursen AB, et al. Using TiO_2 as a conductive protective layer for photocathodic H_2 evolution. Journal of the American Chemical Society, 2013, 135: 1057.

[40] Ge M, Cai J, Iocozzia J, et al. A review of TiO_2 nanostructured catalysts for sustainable H_2 generation. International Journal of Hydrogen Energy, 2017, 42: 8418.

[41] Singh R, Dutta S, A review on H_2 production through photocatalytic reactions using TiO_2/TiO_2-assisted catalysts. Fuel, 2018, 220: 607.

[42] Zhao J, Minegishi T, Zhang L, et al. Enhancement of solar hydrogen evolution from water by surface modification with CdS and TiO_2 on porous $CuInS_2$ photocathodes prepared by an electrodeposition-sulfurization method. Angewandte Chemie International Edition, 2014, 53: 11808.

[43] Bianchini C, Shen P K, Palladium-based electrocatalysts for alcohol oxidation in half cells and in direct alcohol fuel cells. Chemical Reviews, 2009, 9: 4183-4206.

[44] Jin H, Feng X, Li J, et al. Heteroatom-doped porous carbon materials with unprecedented high volumetric capacitive performance, Angewandte Chemie International Edition, 2019, 58: 2397.

[45] Dong X, Jin H, Wang R, et al. High volumetric capacitance, ultralong life supercapacitors enabled by waxberry-derived hierarchical porous carbon materials, Advanced Energy Materials, 2018, 8: 1702695.

[46] Zhang J, Zhao H, Li J, et al. In situ encapsulation of iron complex nanoparticles into biomass-derived heteroatom-enriched carbon nanotubes for high-performance supercapacitors, Advanced Energy Materials, 2019, 9: 1803221.

[47] Wang Q, Su J, Chen H, et al. Highly conductive nitrogen-doped sp2/sp3 hybrid carbon as a conductor-free charge storage host, Advanced Functional Materials, 2022, 32: 2209201.

[48] Zhao J, Wang Y, Qian Y, et al. Hierarchical design of cross-linked $NiCo_2S_4$ nanowires bridged NiCo-hydrocarbonate polyhedrons for high-performance asymmetric supercapacitor, Advanced Functional Materials, 2023, 33: 2210238.

[49] Zhang Q, Deng C, Huang Z, et al. Dual-silica template-mediated synthesis of nitrogen-doped mesoporous carbon nanotubes for supercapacitor applications, Small, 2023, 19: 2205725.

[50] Rouquerol J, Llewellyn P, Rouquerol F. Is the bet equation applicable to microporous adsorbents? Studies in Surface Science and Catalysis, 2007, 160: 49.

[51] Snurr KS, Randall QS. Applicability of the BET method for determining surface areas of microporous metal-organ-

ic frameworks. Journal of the American Chemical Society, 2007, 129: 8552.

[52] Filippakopoulos P, Qi J, Picaud S, et al. Selective inhibition of BET bromodomains. Nature, 2010, 468: 1067.

[53] Yang B, Guo DY, Lin PR, et al. Hydroxylated multi-walled carbon nanotubes covalently modified with tris (hydroxypropyl) phosphine as a functional interlayer for advanced lithium-sulfur batteries. Angewandte Chemie International Edition, 2022, 61: e202204327.

[54] Hou WH, Ou Y, Liu K. Progress on high voltage PEO-based polymer solid electrolytes in lithium batteries. Chemical Research In Chinese Universities, 2022, 38: 735.

[55] Tracy L. Thompson, John T. Yates J. Surface science studies of the photoactivation of TiO_2-new photochemical processes, Chemical Reviews. 2006, 106: 4428.

[56] Wang S, Yi LX, Jonathan E. Halpert, et al. A novel and highly efficient photocatalyst based on P25-graphdiyne nanocomposite, Small, 2012, 8: 265.

[57] Nosaka Y, Nosaka AY. Generation and detection of reactive oxygen species in photocatalysis, Chemical Reviews. 2017, 117: 11302.

[58] Guo DY, Zhang X, Liu ML, et al. Single Mo-N_4 atomic sites anchored on N-doped carbon nanoflowers as sulfur host with multiple immobilization and catalytic effects for high-performance lithium-sulfur batteries. Advanced Functional Materials, 2022, 32: 2204458.

[59] Shih AJ, Monteiro MCO, Dattila F, et al. Water electrolysis. Nature Reviews Methods Primers, 2022, 2: 84.

[60] Khan MA, Zhao HB, Zou WW, et al. Recent Progresses in Electrocatalysts for Water Electrolysis. Electrochemical Energy Reviews, 2018, 1: 483-530.

[61] Wang CX, Guo WX, Chen TL, et al. Advanced noble-metal/transition-metal/metal-free electrocatalysts for hydrogen evolution reaction in water-electrolysis for hydrogen production. Coordination Chemistry Reviews, 2024, 514: 215899.

[62] Chai LL, Hu ZY, Qian JJ, et al. Stringing Bimetallic Metal-Organic Framework-Derived Cobalt Phosphide Composite for High-Efficiency Overall Water Splitting. Advanced Science, 2020, 7: 1903195.